本书系国家自然科学基金青年项目"农村生活垃圾合作治理机制：公共空间与社会资本的联立考察"（71703032）、教育部人文社会科学研究青年基金项目"农村生活垃圾集中治理农户合作参与行为研究——基于农户异质性视角"（15YJC790122）和江苏高校哲学社会科学研究基金项目（2018SJA1146）的阶段性成果，并得到扬州市社会科学重大课题资助出版项目和扬州大学出版基金的资助

农村生活垃圾集中处理
农户合作行为研究

许增巍　著

中国社会科学出版社

图书在版编目（CIP）数据

农村生活垃圾集中处理农户合作行为研究/许增巍著. —北京：
中国社会科学出版社，2020.3
ISBN 978-7-5203-6686-1

Ⅰ.①农… Ⅱ.①许… Ⅲ.①农户—个人行为—关系—农
村—生活废物—垃圾处理—研究—中国 Ⅳ.①X799.305

中国版本图书馆 CIP 数据核字（2020）第 102770 号

出 版 人	赵剑英	
责任编辑	谢欣露	
责任校对	周晓东	
责任印制	王 超	

出 版	中国社会科学出版社	
社 址	北京鼓楼西大街甲 158 号	
邮 编	100720	
网 址	http：//www.csspw.cn	
发 行 部	010-84083685	
门 市 部	010-84029450	
经 销	新华书店及其他书店	

印 刷	北京明恒达印务有限公司	
装 订	廊坊市广阳区广增装订厂	
版 次	2020 年 3 月第 1 版	
印 次	2020 年 3 月第 1 次印刷	

开 本	710×1000	1/16
印 张	12	
插 页	2	
字 数	168 千字	
定 价	69.00 元	

前　言

　　随着农村经济的快速发展和城镇化水平的不断提高，农村地区生活垃圾处理问题日益受到各界广泛关注。我国农村人口占全国人口的比重达45%，农村垃圾产生量为年均1.5亿吨左右，其中只有50%的垃圾得到处理，而未经处理的垃圾则随意堆放，垃圾污染状况日益严重。据住房和城乡建设部初步统计，截至2013年年底，全国58.8万个行政村中，对生活垃圾进行处理的有21.8万个，仅占37%。农村生活垃圾治理面临着极其艰巨的任务。农村生活垃圾的随意排放导致乡村自然环境受到较大影响，而且对居民身体健康、生态环境的持续发展造成巨大威胁，不利于农村居民生活质量的改善和农村地区资源环境与经济的协调发展。2016年中央一号文件指出，继续推进农村环境综合整治，开展农村人居环境治理。实施农村生活垃圾治理5年专项行动，采取城镇管网延伸、集中处理和分散处理等多种方式，加快农村生活垃圾处理和改厕。农村生活垃圾集中处理不但有利于垃圾综合治理、减少处置费用，还可以提高垃圾资源化水平，从而达到垃圾减量化、资源循环化的终极目标。

　　在理论上，西方学者提出了形形色色的治理理论，这就需要结合我国农村社区的实际情况，对这些新理论进行分析和甄别，用以解决我国农村生活垃圾处理问题。而在我国，随着政府职能从经济建设型政府向公共服务型政府的转变，有些地方已对农村生活垃圾集中处理机制与环境管理模式进行了创新性的实验，需要对这些实践探索进行理论反思和论证。目前，国内学术界关于农村生活垃圾集中处理的理论成果多数基于西方发达国家的背景，或是参考城市生活垃圾处理模式设计农村生活垃圾集中处理机制，如何针对我国农村社区生活垃圾产生特点及其处理所面临的问题寻找解决途径和对策，形成农村生活垃圾集中处理机制的相关理论和创新方案，是农村环境管理与公共政策研究的当务之急。

因此，本书基于集体行动视角，在对环境公共服务及农户合作行为等相关文献进行全面分析的前提下，研究农户层面生活垃圾集中处理合作的困境、农户参与行为、合作供给的效果评价以及合作制度的创新，为促进农村环境改善与环境公共产品供给模式创新提供理论与实证依据。首先，系统梳理公共产品、集体行动以及农户行为等参考文献，分析我国农村生活垃圾处理状况，考察调研区农户参与生活垃圾集中处理的现状。其次，针对生活垃圾集中处理存在的现实问题，分析农村生活垃圾处理合作供给中农户的意愿与行为，从农户意愿与行为悖离的角度，探求导致集体行动困境的成因。研究发现，合作困境主要是由社会环境与农户自身因素导致的。因此，从农户所处社会环境视角，分析公共空间、社会资本对农户参与生活垃圾集中处理合作行为的影响，分析农户参与生活垃圾集体行动的合作行为。在此基础上，从农户自身异质性的视角，采用分类评定模型（Logit Model）测度社会资本异质性、人力资本异质性、偏好异质性等因素对生活垃圾集中处理农户合作行为的影响。进一步地，构建农户合作参与农村生活垃圾集中处理效果的综合评价指标体系，采用模糊综合评价法分析生活垃圾集中处理农户合作的效果。最后，提出提高农户合作行为、促进农村生活垃圾集中处理合作供给制度创新的政策建议，为政府环境公共政策创新提供决策参考。本书研究的主要结论如下：

第一，农村生活垃圾集中处理是走出农村环境公共产品集体行动困境的有效方式。农村生活垃圾的集中处理，是一种与农民生产生活休戚相关的公共产品，具有非排他性与非竞争性等特征。由于政府供给低效率与市场供给缺乏动力等原因，合作供给模式成为可能，并且由于合作供给是一种自下而上的自主行为，在效率上能有效克服交易成本过高或供给不足的问题，很适合于农村公共产品的供给。值得注意的是，这种模式容易发生"集体行动的困境"。实现农村人居环境协同治理，需要农户、社区与政府的共同参与，实现个体利益与集体利益的兼容，而农村生活垃圾集中处理正是实现集体行动的理想模式。因此，探究农户合作行为，分析农户在组织发起以及合作过程中的参与逻辑就成为促成生活垃圾集中处理合作供给的关键。

第二，意愿与行为的悖离往往导致农村环境治理集体行动的困境。实证分析结果表明，集体与个体之间的利益扭曲是导致集体行动困境的根本原因。从不同影响因素的重要程度与相互作用关系来看，农户认知和农户个人特征是表层或中层影响因素，社会因素是悖离的深层影响因素。这种层次结构的形成原因，主要是生活垃圾的集中处理作为准公共产品，农户出于"理性"行为，往往采取"搭便车"的策略以获取收益最大化。因而在悖离的表层及中层因素中，最直接的影响因素即根据自身状况和自身特征所考虑的经济因素。生活垃圾的集中处理本质上是以一定场域为基础的农户公共产品的合作供给行为，其动态均衡是个体因素与农户决策社会环境因素相互作用的结果。农户意愿与行为的悖离正是由于合作行为的关键环境变量——农户交往的横向结构关系以及纵向治理关系改变导致的，是社会转型期国家、集体以及个人关系结构嬗变的结果。

第三，小范围、高频、半开放的公共空间对农户生活垃圾集中处理合作供给的形成具有积极影响。实证分析结果表明，小范围、高频以及半开放空间对农户合作意愿的产生以及合作行为的实现具有重要的支撑作用；社会资本在公共空间引致农户合作行为的过程中具有中介作用，社会资本的本质是通过社会中个人和组织网络构建的长期的信任规范约束，有利于实现个人或组织的效益目标。证实了乡村公共空间—社会资本—集体行动这一链条机制的存在。当前政府、市场、社会彼此之间良性互动是农村自主性公共空间发展的有效途径。农村社区生活垃圾集中处理存在内源性激励强度不足的问题，外源性激励制度的引进成为一种必要，即需要依靠正式制度安排和社区非正式制度安排实现农村集体行动的成本分担与收益分享、对合作行为给予鼓励以及对机会主义行为给予惩罚。

第四，异质性对农户参与生活垃圾集中处理的影响主要体现在农户基于自身资源禀赋、偏好、人力资本以及社会资本异质性，对集体行动参与的成本—收益进行评估，并将个体的异质性嵌入群体的社会结构中，从而形成共享的或互补的利益格局促使集体行动的不断持续。因而，农户合作行为是个人特征、社区因素、制度环境以及社会资本等个体与环境约束相互作用的结果。从农户异质性视角探讨集体行动的农户参与逻辑，研究结果发现：资源禀赋异质性与农户的参与行为负相关；人力资本异质性对农户的合作参与行为影响并不显著；社会资本异质性各维度中，网络异质性与农户的合作参与行为正相关，而信任异质性与农户的合作参与行为负相关。此外，性别、村中职务及垃圾处理的及时程度均对农户的生活垃圾合作参与行为产生显著影响。

第五，对农户合作参与农村生活垃圾集中处理效果的分析结果表明，村庄的自然条件、经济水平与社会资本是生活垃圾集中处理效果的外部主要影响因素。环保意识与集体行动的参与水平是保障农村生活垃圾治理效果的关键因素，而受教育程度的提升与家庭经济状况的改善有利于提高农户的参与水平。

总体而言，垃圾处理清洁程度仍需提高，加强对环境的治理力度是下一步的努力方向。不同治理主体之间由于资源因素、信息沟通、利益纽带不同而导致行动的组织成本较高，不同主体决策目标的差异导致治理行为中资源配置方式与组织效率的下降，从而在一定程度上降低了集体行动的效果。因此，应从供给决策、资金筹集和合作维持三个方面构建提高农村生活垃圾集中处理供给效果的政策保障机制。

目　　录

第一章 导言

第一节 研究背景

近年来，随着城镇一体化进程的加快和农村经济的快速提升，农村消费水平也在持续增长。随之而来的是生活垃圾排放量的大幅攀升，对环境造成了严重的污染。据卫生部调查，我国农村每人每天产生的垃圾量为 0.92 千克，全国农村每年仅生活垃圾排放量就已逼近 3 亿吨，且城乡生活垃圾排放量正以 8%—10% 的速度持续快速增长（蒋晓琴，2015）。农村垃圾污染已成为农业和农村面源污染、立体污染和系列生态环境问题的主要诱因。农村垃圾处理已成为全社会关注的焦点，2014 年 5 月，国务院办公厅出台了《关于改善农村人居环境的指导意见》，提出交通便利且转运距离较近的村庄，生活垃圾可按照"户分类、村收集、镇转运、县处理"的方式处理；目标任务为：到 2020 年全国农村居民住房、饮水和出行等基本生活条件明显改善，人居环境实现干净、整洁、便捷。2015 年 11 月，住房和城乡建设部等十部门联合出台了《全面推进农村垃圾治理的指导意见》，提出全面治理农村生活垃圾，并动员群众参与。因此，把生态文明建设放在突出地位，加大自然生态系统和环境保护力度，实施农村生活垃圾集中处理对于农村环境治理和保护的意义重大，是新农村建设的主要内容。显然，探索新形势下农村生活垃圾的高效治理，已经成为诸多环境保护专家和学者的当务之急。

对于农村生活垃圾的集中处理学者从不同方面进行了研究。自然科学方面，主要集中于垃圾的分类、处理和转化利用技术等方面（张后虎，2010；高庆标和徐艳萍，2011；普锦成等，2012；巫丽俊等，2013；李红等，2016）。社会科学方面，关于农村生活垃圾处理更多情况下将其作为农村环境治理和农村公共产品供给的内容来研究，主要集中于处理机制、模式、途径、效率和制度等方面（叶春辉，2007；李齐云，2010；宁清同，2012；付素霞，2013；杨金龙，2013；赵晶薇等，2014；韩洪云等，2016）。

按照传统的西方经济学的观点，农村生活垃圾集中处理作为公共产品，其供给应该由政府财政拨款支付。政府有义务提供安全保障、宏观经济调控、收入平等分配、基础教育、基本医疗防疫系统以及私人因无利而图所不愿提供的基础设施建设、环境保护、基础研究等公共产品（熊巍，2002）。在我国，基层农村公共产品也主要由政府来供给，但传统的环境管理模式一直以来是以城市和工业环境保护为重中之重，农村和农业环境污染治理遭到长久的忽视，造成农村环境公共产品供给总量不足和农村环境污染的加剧（乐小芳和张颖，2013），农村税费改革进一步恶化了这一问题。2006年以来，中央加大了对农村的财政支持力度，我国财政支农支出的增长速度不断增长。然而，由于农村公共产品历史欠账过多，财政支农的总量对于农村巨大的需求相比仍显不足。2012年财政支农支出总量仅占公共财政支出的9.47%（孙文基，2013）。在这仅有的9.47%的公共财政支出中存在"政出多门、资金分散"的现象，且更倾向于被用来投入一些"形象工程""政绩工程"当中。作为理性人的地方政府，在公共产品投资的过程中往往会从自身利益考虑。由于长期项目投资大、见效慢，对于只有几年任期的政府部门领导来说更青睐于那些易出政绩的短期项目。作为这种政府"理性"选择的后果，农村垃圾处理这种需长期投资的项目总量供给不足就不足为奇了。显然，当前农村公共产品的供给在总量不足的严峻形势下还存在结构失衡与公共资源利用效率低下的问题。改变旧有的自上而下的单中心体制，构建农村公共产品的政府、市场、第三部门和农民"多元协作供给"模式的治理体制，成为有效提高农村公共产品供给效率的新思路（曲延春，2014）。

新农村建设中，最为突出的是以改善生态、生产、生活环境为主的农村发展问题（薛虹和赵万明，2014）。然而，传统的城乡二元结构和长久以来的单一的政府公共产品供给体制，导致公共产品投资主要集中于城市，农村公共产品供给面临着严重的短缺。在现有条件下，受其财力不足、资源有限、配置滞后和权力垄断的制约，单中心供给体制难以满足农村对公共产品的需求（赖庭汉等，2015）。因此，改变旧有自上而下的单一决策体制，构建农村公共产品供给的多中心机制，为保证农村公共产品的有效供给提供了新的思路（王树文等，2014）。与此同时，农村传统意义上的熟人社会结构随着市场经济的发展、城镇化的推进正在发生激烈的变化。在此背景下，如何推进农户公共产品之间的合作供给，对于集体行动的有效实施，具有重要的现实意义。农村生活垃圾集中处理，是一种类似于埃莉诺·奥斯特罗姆（Elinor Ostrom）公共池塘属性的小规模公共产品，作为新形势下农村公共产品供给模式的一种新的尝试，引起了专家和学者的关注和研究（苏杨珍和翟桂萍，2007；李齐云和张维娜，2010；宋言奇，2012；曲延春，2014；邓立新，2014；景小红和赵秋成，2016；张旭，2016）。然而，农户生活垃圾集中处理的现状与困境如何？哪些因素导致农村生活垃圾集中处理中农户合作意愿与行为的悖离？生活垃圾集中处理哪些因素影响农户的参与行为？如何评价农户参与生活垃圾集中处理的合作绩效？对这些问题的研究是实现农户合作行为必须要解决的现实问题。目前，研究农户合作参与农村生活垃圾集中处理行为的研究相对较少，且缺乏深入的理论分析框架和细致的实证研究。基于以上背景，本书以农村生活垃圾集中处理的具体实践为例，对农户参与农村生活垃圾集中处理的合作行为进行深入探索，以期为我国农村环境管理模式创新提供理论和实证依据。

第二节 研究目的及意义

一 研究目的

基于集体行动理论，考察农村生活垃圾集中处理的合作供给过程中农户合作意愿与行为的悖离，分析农村生活垃圾集中处理中农户合作的困境，并基于社会环境与农户自身特征探讨农户合作行为的影响因素，测度农户合作供给的效果，阐明农村生活垃圾集中处理的农户合作供给实现机制。具体目标如下：

（1）分析农村生活垃圾集中处理的困境，重点探讨意愿与行为的悖离对农户参与农村生活垃圾集中处理合作供给的影响机理与具体影响因素，分析农村生活垃圾集中处理农户合作形成的前提与基础。

（2）从社会环境的角度，通过对乡村公共空间、社会资本与农户合作行为关系的实证研究，探讨公共空间、社会资本对农户合作参与生活垃圾集中处理的影响。

（3）从农户异质性的角度探讨收入异质性、人力资本异质性、偏好异质性对农村生活垃圾集中处理农户合作行为的影响，揭示农户参与集体行动的合作行为机理。

（4）构建农户参与合作治理的模糊综合评判模型，对农户合作参与农村生活垃圾集中处理的效果进行分析与评价，剖析农村生活垃圾集中处理中不同因素对治理效果的影响程度，并提出加强农村生活垃圾集中处理的政策建议。

二 研究意义

在当前我国农村公共产品投入严重不足的情境下，以集体行动视角研究农户合作参与农村生活垃圾集中处理的困境、影响因素、合作治理效果，分析农户集体行动参与合作的机理，深入发掘超越"集体行动困境"的关键因素，对促进农户合作提供公共产品具有重要意义。随着经济的快速发展和城镇化的提高，我国已经成为世界上最大的垃圾生产国。与此形成鲜明对比的是，我国农村生活垃圾管理服务落后，垃圾得不到有效处理，不仅严重影响人们的健康，而且成为造成水资源和生态环境污染的主要因素（王爱琴等，2016）。在政府公共产品供给总量不足的现状下，由于社会参与和激励机制滞后，其他形式的公共产品供给发展依然缓慢，导致农村公共产品供给短缺问题依旧突出。因此，基于农户合作供给的视角，探究农村生活垃圾集中处理中农户合作供给困境及影响农户参与行为的具体要素，构建农户合作参与机制，鼓励农户合作参与生活垃圾集中处理是当前亟待研究的课题。

（一）理论意义

我国传统农村环保社区自组织沿袭的是社会资本型模式，不同于埃莉诺·奥斯特罗姆在《公共事物的治理之道——集体行动制度的演进》中描述的制度资本型模式（宋言奇，2012）。因此，研究中国社会资本模式下"集体行动困境"的解决之道，对丰富和充实多中心治理理论有重要价值和积极意义。

（1）考察农村生活垃圾集中处理中集体行动发起困境，分析影响农户意愿与行为悖离的影响因素，为政府部门在制定决策时提供依据参考。

（2）考察不同类型乡村公共空间、社会资本对农户合作行为的影响机理，探索两者交互作用共同对农村生活垃圾集中处理过程中农户合作参与的影响机制。

（3）揭示合作治理过程中异质性对农户行为选择的影响，可以补充我国农户集体行动理论的研究内容，并充实我国公共物品合作供给理论。

（二）现实意义

农村环境保护工作是社会主义新农村建设的一项重要任务，事关广大农民的切身利益和国家的可持续发展。解决好农村环境保护中的生活垃圾集中处理问题，对于农村环境保护和生态文明的长远发展，乃至整个现代化建设都具有重要的现实意义。

现阶段农村垃圾污染治理迫在眉睫，但政府对农村公共产品的供给严重不足。农户合作参与生活垃圾集中处理为解决这一难题寻求到了第三条道路，同时也为社会福利的增加寻求到了新的途径，为我国环境多中心治理模式探索可能的路径。

第三节 国内外文献综述

一 农村公共产品供给

萨缪尔森将公共产品定义为同时具有非竞争性和非排他性的"集体消费产品"，这是公共经济学中的核心概念。后续学者从公共产品由谁来提供、概念的补充和发展、公共产品特征和条件的细化等方面丰富了公共产品的概念。公共产品区别于私人产品最大的特征即其效用的不可分割性。阿特斯金和斯蒂格利茨提出了介于纯公共产品和纯私人产品两者之间的准公共产品概念，不仅将公共产品的定义进一步完善，同时也是对社会产品分类的革命性突破。随后，按照消费的非排他性和共同性，奥斯特罗姆夫妇又将社会产品进一步细分为私益物品、收费物品、公共池塘物品和公益物品四类。

20世纪70年代以来，国外开始将公共产品供给的关注重点转移至农村问题。这些研究既关注公共产品的需求特征、供给条件、效率评估以及供给效率的提高，同时也研究农村公共产品的多元化供给。齐默尔曼（Zimmerman）提出以"公民自主参与计划"来缓解农村落后的医疗供给；加多姆斯基（Gadomski）等则以奥齐戈县为例，重点探讨了自发成立的"公—私合作公共卫生组织"。这个自发成立的组织以例会的方式对参与者进行协调，事实证明，该组织在为当地民众提供较好的医疗服务的同时，有效地解决了政府财政资金在农村公共产品供给上的不足。也有学者对中国的农村公共产品非政府供给进行了研究，蔡瑞（Tsai）调查了中国 316 个行政村，通过对过渡体制中政府的农村公共产品供给研究发现，政府通过参与农村中与社区发展密切关联的团体，为团体利益履行职责而成为团体的道德权威，再借助这些团体提升公共产品的供给效率，最终使其供给水平保持在最低需求之上，短期缓解了村镇一级的供给压力。文中也指出，尽管农民和政府都可以从这种非正式的体制中获益，但其只能服务于村镇一级，很难在更高一级的区域内产生效果。

与国外对公共产品的研究相比，中国的财政学发展较晚，相关研究也较西方显得滞后与单薄。国内对公共产品概念的界定，大多是按照萨缪尔森提出的三个典型特征来划分，分别是消费的非排他性、非竞争性和效用的不可分性。农村公共产品的供给事关农村经济的发展和农业现代化的实现，同时又是"三农"问题的重要研究范畴，大量学者对农村公共产品供给分别从经济学、政治学和法学等不同视角进行了深入研究。经济学方面主要集中于从公共选择理论、新制度经济学、博弈论和委托—代理的视角进行研究。研究内容主要包括农村公共产品的分类和供给现状、现状产生的原因、改进途径及绩效测评等方面。岳军等（2004）、贾康和孙洁（2006）、李燕凌（2014）、曲延春（2015）等对农村公共产品的定义和分类进行了研究，认为农村公共产品是具有"一定的典型特征"，服务于农业、农村和农民的公共产品的总称。根据区分标准的不同，他们又对农村公共产品进行了细分，包括按性质标准划分的纯公共产品和准公共产品、按内容划分的公共设施和公用服务、按用途划分的生产所需公共产品和生活所需公共产品，以及按倾向程度划分的俱乐部产品和公共资源。

目前，我国农村公共产品供给的现状是既没有完善的与城市类似的公共财政安排，也没有建成基于农户自治基础上的私人自愿集体行动的公共选择机制。从公共财政与公共选择的视角，有学者为解决农村公共产品的供给提出了有效的途径（朱汉平，2011）。丁焕峰（2011）以广东省为例，采用逻辑斯蒂回归的方法，对农户参与农村公共产品供给予以实证研究，结果表明，公共支出透明度、农户对其他农户的信任程度、周围农户参与情况、被访者年龄是影响农户参与供给农村公共产品的重要因素；信任和社会参与网络是农村社会资本的重要组成部分；社会资本是影响合作供给中农户参与行为的重要因素。所以，应深化政府体制机制改革，完善农民利益诉求表达机制，以缓解我国农村公共产品供给不足的现状（涂圣伟，2012）。此外，也有学者分别基于嵌入的理论和治理结构的视角研究了农村社区性公共产品供给合作行为。从个体属性和环境属性提出了影响合作行为的8个命题，为相关研究构建了框架（刘鸿渊，2012）。针对农村公共产品的供给绩效，王俊霞等（2013）采用组合赋权法系统进行了研究，得出了农村公共基础设施是权重最大的子系统的结论。针对新中国成立后公共产品供给形成的以城市为中心、从城市向农村不断扩散的城乡差序格局，曲延春（2015）认为，现阶段农村公共产品的供给，由于受城乡差序格局的影响，整体上表现为碎片化。整体性治理是农村公共产品供给问题解决的思路。应整合农村公共产品的供给主体，整合决策机制，建立政府、农民与第三方协同监督机制，实现公共产品供给从城乡差序格局向城乡同一平面格局的转变。

二 集体行动

集体行动是一种客观存在的社会现象。关于集体行动的动力机制，学者分别从结构主义、建构主义和功利主义三个方面进行了探究（曾鹏和罗观翠，2006）。经济学视角下主要基于功利主义，认为集体行动系行动个体理性行为的非合作博弈结果。温思美和郑晶（2010）对集体行动困境的模型进行了梳理，认为"囚徒困境"

"公地悲剧""不可能性定理"以及"搭便车理论"这些代表性模型描述的公共产品供给不足的本质原因系个体理性与集体理性的悖离。政府供给和市场供给是避免公共产品供给中集体行动失败的有效途径。同时，针对集体行动的失败，学者还研究了介于市场治理和科层治理之间的自组织治理。美国学者埃莉诺·奥斯特罗姆就是其中的代表人物，她通过对大量案例的研究和剖析，认为可以建立一种介于市场机制和政府制度安排之间的使用者自发制定并实施的合约。"自筹资金的合约实施博弈"探索了具有公共池塘特征的公共产品自组织供给，为现实中避免公共选择悲剧给出了新的理论解释（高轩和朱满良，2010）。

学者认为，农民的合作是源于农业生产特殊性下的理性策略，农民的合作方式总是呈现出一种显性和理性交互的状态。为了实现自身的目标，集体中经常出现由于个体的理性行为，在有限资源的背景下个体追求自身利益最大化，而在集体行动的选择上表现出投机行为泛滥，最终导致精英剥夺现象严重和集体行动的失败（陈潭和刘建义，2010），农民的合作倾向与合作的实现成为一个悖论（李佳，2008）。集体行动得以达成的实质是如何设计一种机制来避免农户选择"搭便车"，这种机制通过对农户的"选择性激励"来促成集体行动的成功。然而，由于受现实条件的制约，包括农户个人社会资本的短缺、农村经济条件的落后以及"搭便车"行为的影响，农户间的自主合作治理往往难以形成（毛寿龙等，2010）。这就造成了农村公共产品供给严重短缺、集体决策困难和公共产品的过度使用。学者从不同的行为主体进行了分析，并针对如何解决农村公共产品供给的这一问题给出了解决方案。如组织成员结构应该存在差异性、组织成员间存在合理的利益共享、成本分摊机制和组织受益存在超可加性（张明林等，2005）。

还有学者认为，合作得以实现离不开一些条件。第一，集体中成员规模尽可能小，同时成员存在异质性。第二，在合作的过程中从外部运行环境的机制设计着手，通过建立一系列的信任、监督和选择性激励机制，以此来促成解决集体行动的困境（赵春江，2007）。第三，作为非正式制度的社会资本，即农民长期交往形成的关系网络以及体现其中的信任、参与网络、互惠规范，是实现个体行为与集体行动统一的理想工具（罗倩文等，2009）。张继亮（2015）探讨了社会资本与集体行动之间的关系，认为社会资本作为关系性资源强化了行为主体间的彼此联系，认为它的存在削减了行为选择所面对的不确定性，增进了主体间的信任，助推了集体行动的生成。从公共治理角度，为走出村庄公共产品供给的"奥尔森困境"，学者也给出了可行的建议，包括市场化的"有偿"供给、科层化的政府财政介入、自组织形式的小集团供给模式以及重构乡村社会资本。

除了理论分析，学者尝试从不同角度采用计量方法分析集体行动实现的充要条件。如赵红和安文雯（2012）基于相对公平相容约束发展了皮建才（2007）的基于公平相容约束的集体行动模型。研究发现：如果符合组织者的相对公平相容约束条件，就会有局中人组织集体行动；如果符合参与者的相对公平相容约束条件，集体行动就会实现，同时避免了"搭便车"行为；局中人的相对公平相容约束条件为集体行动是否实现的充分条件。蔡荣和王学渊（2013）就苹果产业中合作社内出现的社员"搭便车"现象进行了考察研究，发现合作社成员的异质性、社员的规模以及选择性激励制度均对成员"搭便车"有一定的影响，通过鼓励农地流转降低成员异质性，通过设置门槛控制合作社社员规模，出台选择性激励措施以提高合作社社员的激励强度是缓解成员"搭便车"问题的重要措施。

对于农村公共产品的集体行动供给，从政治经济学角度分析，"一事一议"在更多意义上属于操作层面，至于农户自治制度，则更大程度上与"立宪"选择相仿（李郁芳和蔡少琴，2013）。农户自治遵循农民个体价值标准，在"准立宪阶段"达成互利的政治契约，才能形成稳定的、可预期的、个人在其中能够平等选择的日常政治秩序。"一事一议"的组织机构、决策规则和财政选择特定规则等制度内生于农户自治的"立宪"过程，才能克服公共产品提供的一般困难，实现有效治理。

三 农户合作行为

经济学对农户行为的研究，经历了从组织到个体研究的过程。古典经济学、新古典经济学一直未将农户的个体行为与组织行为研究做严格的区分，直到新古典经济学的晚期，对农户个体行为的研究才逐渐开展起来，主要是源于不完全信息假设的引入以及有限理性假设的提出。发展经济学着重从制度和组织结构的角度来研究农民行为。张培刚对农业组织方式的明确界定，标志着农民（农业）组织被正式地纳入发展经济学的研究范畴（鄢军，2011）。随着新古典经济学的发展，交易成本等理论假设被应用到对农民组织的分析当中，农民个体行为研究也逐渐呈现出不同的研究方法。学界对农民合作的研究可以分成"对传统农村社会中农民合作的研究"和"对当代农村社会中农民合作的研究"两个部分（邱梦华，2008）。

随着市场经济的逐步确立，面对新型的市场中不同主体之间的契约关系，农户的合作逐渐转变为由传统熟人社会范围内的合作走向现代的以契约为主的超越血缘和地缘的陌生人之间的团体式合作。而现代化的西方集团式的合作，对农户由于独特的血缘与地缘关系所形成的独特的公平观提出了新的挑战，需要培养农民的合作精神，并通过政府推动建立新型的合作组织（徐鸣和张学艺，2014）。从对甘肃、青海、宁夏三省（区）的实际调研来看，农业生产多元化、农户经营规模分化、现金收入增长、农户的亲戚邻居情谊淡化等因素对传统社会中农户合作的土壤产生了巨大的腐蚀作用，而市场经济关系导致我国农户原有的社会关系网络逐渐解体，新的以契约为主的社会关系网络尚未建立，农户合作困局呈现新的特点。面对这一合作困局，刘同山和孔祥智（2015）提出了破解协作失灵、促进农户合作秩序演进的"精英解"，即通过合作社精英

的利他行为推动合作社走出低水平均衡陷阱。通过不断增加合作的
社会收益解决"精英侵占"问题，从而实现"利益共享、风险共
担"的高水平合作。

关于农民行为的研究，主要围绕"农民理性"假设展开。一种
观点认为农民缺乏理性，代表人物有马克斯·韦伯、伯克
（Boeke）、恰亚诺夫（Chayanov）、斯科特（Scott）、费孝通等。这
种观点认为，农民由于受到道德约束、残酷环境或者自身条件的限
制，表现出的行为是非理性的。中国农户历来被认为具有善分不善
合的传统，其深层原因是集体理性和个体理性的冲突以及信息不对
称和机会主义行为的存在（黄珺等，2005）。另一种观点与其截然
相反，认为农民是理性的。代表人物是舒尔茨，持同样观点的有波
普金（Popkin）、林毅夫、石磊等。舒尔茨认为，农民在传统农业中
已经实现了资源配置的优化，尽管这种配置基于自身条件的约束。
传统农业虽然"贫穷"，但是"有效"的，农民本身并不愚昧。但
中国农户主要以分散的小型农户为主，农村缺乏基本的社会保障制
度，加之农村传统社会差序格局的人际交往特征，导致合作过程中
资源整合与农民经济行为的多目标化之间的矛盾、农户在合作中对
风险的规避与对利润追求之间的矛盾以及合作中对契约规范性的追
求和农村差序格局之间的冲突。而在这一过程中，农户正是基于成
本—收益的比较做出了是否合作以及如何合作的选择行为（李佳，
2012）。也有学者认为，合作是意愿与行为的统一，合作的目的决
定了农民是否愿意合作以及是否能够合作（董晓波，2014）。在对
中国农民行为特质问题的研究方面同样存在分歧。胡敏华（2007）
通过对前人的研究进行梳理认为，由于受主观认知等自身因素以及
所处环境和信息不对称等的限制，中国农民在追求自身效用最大化
的过程中表现出来的行为理性是有限的。随着研究开展的深入，研
究视角也逐渐从中观转向微观，农户个体行为被单独进行研究，为
发展经济学和制度经济学带来了新的方向（刘鸿渊，2012）。也有
研究认为农户理性具有复杂性。如祝坤（2013）认为，农民合作社

领域的行为选择逻辑，既有基于对个人利益最大化计算的工具理性，还包括价值理性因素，同时又受到感性因素的影响。由此，农民合作社领域中的行为选择理性更为丰富和生动，拓展了我们对农民合作行为的理解。在对"农民理性"界定的基础上，大量研究围绕农民合作意愿和合作能力展开。在农户合作意愿上，主要集中于对农户合作意愿的影响因素分析。此外，诸多学者从社会学角度对农民行为也进行了深入的研究，理论基点主要集中于农户的"社会理性"上，着重从社会层面解读农户的行为。对于农户合作行为研究，学者从农村合作组织、农民合作能力、村庄公共产品等多角度进行了分析研究。曹锦清在《黄河边的中国》中描述了中国农民的"善分不善合"；贺雪峰在《新乡土中国》一书论述了荆门农村农民不合作的事例；宋奎武在《中国农民合作研究》一文中从组织化的角度提出了关于农民合作的建议；潘维在《农民与市场》一文中解读了农户之间合作行动的能力问题。张素罗和赵兰香（2016）认为，农户间能否建立良好的合作关系主要取决于农民的合作意愿和合作能力等因素。

现有农户合作研究将农民"善分不善合"的根本原因归结为农民集体行动成本高。周生春和汪杰贵（2012）认为，社会资本是影响农户合作效率高低的关键，组织中丰富的社会资本有利于减少集体行动的成本。张翠等（2016）则认为，农户社会资本对社会治理参与行为的影响较为复杂，具有不同经历和身份的农户的社会资本对其参与行为的影响并不一致。潘敏（2007）认为，信任在社会资本测度中具有重要影响。博弈论中的"囚徒困境"也为农户间的合作提供了解释视角，困境中囚徒之间的彼此不信任直接影响了他们的合作。陈家涛（2010）从博弈论的视角分析了农户的合作行为，认为博弈的次数对合作的成败具有重要的意义，只有无限次的重复博弈对农户的合作才会有实质性作用，然而，在现实中却并不存在这样的条件，因此应该引入激励和奖惩机制。以马克·格兰诺维特为代表的学者又将经济学和社会学结合起来，提出"嵌入理论"

"弱连带"等新经济社会学的核心理论。也有学者从社会制度变迁的视角分析了农户的合作行为，研究发现，新中国成立后农民经历的两次合作反映了其不同的利益诉求（王庆等，2014）。贺振华（2006）从宗族的视角探讨农村治理中农户的合作行为，认为正是农户为了获取更大的利益而相互合作的过程促使了宗族组织的形成和发展。随着市场经济的进一步深化和城镇化的开展，北方宗族势力已经日渐式微，因此，本书并未将其列入研究的范畴。

四 农村生活垃圾集中处理的农户参与

按照传统的西方经济学理论，农村生活垃圾集中处理作为一种公共产品，其供给应主要由中央及各级地方政府承担。在我国，传统的农村公共产品也主要由政府来供给，但传统的环境管理模式一直以来是以城市和工业环境保护为重中之重，农村和农业环境污染治理遭到长久的忽视，造成农村环境公共产品供给总量不足和农村环境污染的加剧（乐小芳和张颖，2013）。尹希果等（2008）分析了微观主体的缴费意愿对城镇垃圾处理收费制度改革的影响，发现居民收入水平和环保宣传力度对缴费意愿具有显著的影响，而地区性因素和居民个体特征因素对缴费意愿的影响不显著。王金霞等（2011）基于甘肃和河北两省的调研资料，考察了农村固体生活垃圾的处理和管理现状及影响固体生活垃圾有效处理的制约因素。结果表明，大多数村没有处理固体生活垃圾的设施，多于50%的村庄生活垃圾属于随意排放状态，但部分村开始制订相关的管理计划。农村固体生活垃圾的处理状况与农民人均收入水平的提高和交通便利程度的改进有显著正相关关系，而非农就业机会的增加不利于当地生活垃圾的处理。学者研究发现，农民对农村公共产品供给的满意度与对该公共产品的需求是有紧密联系的，依据对公共产品需求的层次性和阶段性，农民满意度也具有一定的次序性（唐娟莉等，2010）。总体来看，改善农村公共产品供给水平，提高供给效率，构建多中心供给的体制，是今后农村公共产品供给的新的方向（邓正华等，2012）。国内一些地方已经开始了对农村生活垃圾的多中心处理进行探索，这为新农村建设中农村公共产品供给提出了的新思路（宋言奇，2012；李齐云和张维娜，2010；侯保疆和梁昊，2014；赖庭汉等，2015）。居民固体废弃物的持续管理是一项富有挑战性的工作，核心目标是对公众垃圾排放量予以控制并增加废弃物的回收利用。在这种背景下，环境政策规划中影响公众环境行为的社会因素至关重要。特别是为了确保环境政策的有效性，公众的配合很重要。邓正华等（2012）研究发现，农村生态环境的改善主要依赖于农户的自觉环保行为，而农户的环境感知属于自发性意识，对其保护环境的行为具有关键意义。现有文献中已经识别出几种影响市民感知和态度的社会因素。在这一领域，社会资本被认为是最重要的影响参数（Nahapiet J. and Ghoshal S.，1998；Narayan D. and Pritchett L.，1997）。学者普遍认为，社会资本具有多维性（Coleman J. S.，1990）；诺曼·厄普霍夫（Norman Uphoff）将社会资本分为认知型与结构型。帕特南等（Putnam et al.，1995）认为，社会资本是由四个主要因素组成的，分别是社会信任、制度信任、社会网络和遵守社会规范。波特等（Portes et al.，1998）认为，社会资本具体表现为价值内化、"互惠交易"、有界整合和强制性信任四个方面。阿德勒等（Adler et al.，2002）对合作社的社会资本进行了细分，外部社会资本用于测度合作社与外部组织之间的关系网络，而内部社会资本用于衡量合作社内部社员之间的信任、合作以及组织的制度与规范。他认为，合作社内部社会资本是其存在的基础。

国内研究方面，学者对社会资本的划分也各不相同。从社会资本的网络功能出发，将其分为家族宗族网络、象征性活动网络、功能性组织网络、一般人际关系网络四个维度（周红云，2004）。边燕杰（2004）借助"春节拜年网"测量方式，使用了网顶、网差和地位资源总量对社会资本予以测度，将社会资本的测度进行了本土化。也有将农户社会资本提取为信任、关系资源及互惠、交往及规则和社会风气四个方面的（张建杰，2008）。王昕和陆迁（2012）对社会资本的产生与发展进行了详细的阐述，并以小型水利设施为例，探讨了社会资本的不同维度对集体行动的影响。赵雪燕（2012）系统阐述了社会资本的测度，认为现有研究主要是寻找社会资本中信任、规范和网络三个维度的替代指标，依此对其进行测量。此外，学者还系统研究了社会资本对农户收入（路慧玲等，2014）、区域创新能力（赵雪燕等，2015）、农户生活满意度（赵雪雁和毛笑文，2015）等的影响。田维绪和罗鑫（2014）则在社会网络变迁背景下将进城农民工的社会资本分为宏观、中观和微观三个层面予以构建。

五　文献评述

国内外文献从不同角度对公共产品供给理论、社会资本理论、集体行动理论与农户合作行为进行了理论和实践探讨，前人的研究成果为我们后续研究的开展提供了坚实的理论基础。但是，现有研究也存在一些需要深入探讨之处：一是以往农村公共产品供给意愿与效能的塑造路径主要局限于政府组织层面的理念、体制与机制等宏观层面的研究，这实质上是传统西方理论囿于公共产品外部性的逻辑作用结果。事实上，公共产品的集体行动已成为一种可能（埃莉诺·奥斯特罗姆，2000）。我国部分地区农村生活垃圾集中处理合作供给的成功为这一理论提供了现实佐证。农村生活垃圾集中处理合作供给在公共产品的细分上属于俱乐部性质的公共产品。然而，对于拥挤型公共产品合作供给的集体行动研究鲜见相关文献。二是前人研究已证实乡村公共空间是社会资本生成的平台（李小云、孙丽，2007），同时农户合作中社会资本又发挥了重要作用。然而三者之间究竟是一种怎样的内在作用关系？这有待于进一步研究和实证。三是关于农村社区公共产品供给研究主要以理论研究居多，实证分析欠缺。孙玉栋和王伟杰（2009）通过统计分析发现，在现有研究农村公共产品问题的文献当中，实证研究仅仅占了

19.36%。而近几年农村垃圾污染日趋严重，垃圾处理已经成为新农村建设中的重要任务，实证研究农村垃圾处理具有重要的现实意义。

基于此，本书将公共产品供给等理论应用到本书的实证研究当中，使经济学与社会学的理论相结合，从公共空间、社会资本的双重视角运用计量经济方法实证考察农户的合作供给行为，探讨适合现阶段我国国情的农村生活垃圾处理方式方法，揭示农村生活垃圾集中处理合作供给下农户集体行动的内在机理，为政府农村环境治理公共政策创新提供了参考借鉴。

第四节 研究思路及研究方法

一 研究思路

本书主轴沿着农户合作的困境—合作的影响因素—合作效果评估—制度创新这条内在逻辑线路展开。第一，从典型农村生活垃圾集中处理现状分析入手，分析农户合作参与农村生活垃圾集中处理的困境与前提条件，探讨社会环境与农户自身特征是否为导致悖离的最主要因素。在此基础上，分别从社会环境视角，引入乡村公共空间、社会资本等概念作为解释农户参与集体行动影响因素的关键变量。第二，运用构建的异质性指标，从农户参与农村生活垃圾集中处理的合作行为展开，分别从社会资本、人力资本、农户偏好等不同方面考察各变量如何影响组织发起阶段的农户决策问题，进一步探讨农户异质性对合作治理中合作行为的影响。第三，构建合作供给的模糊综合评判模型，量化农户合作参与农村生活垃圾集中处理的合作绩效及其主要影响因素。第四，在以上分析基础上，提炼出促进农村生活垃圾集中处理供给效果的政策保障机制。具体研究思路如图 1 - 1 所示。

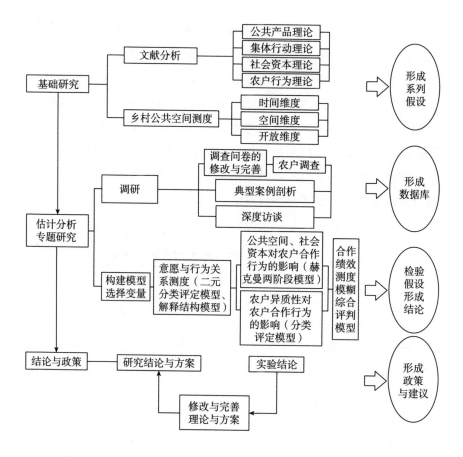

图 1-1　研究思路

二　研究内容

基于前述研究思路和目标，本书的研究内容如下。

第一章导言。探讨本书研究的背景、目的和意义，梳理国内外相关研究成果。在此基础上提出本书的研究思路和方法，依据上述内容做出研究思路图，并指出可能的创新点。

第二章理论基础。分别对农村生活垃圾集中处理、乡村公共空间、农户合作等概念进行界定。随后分别依据公共产品理论、集体行动理论等对农户参与农村生活垃圾集中处理行为进行分析，剖析生活垃圾集中处理农户合作行为的机理，为后续章节的研究提供理论依据。

第三章我国农村生活垃圾处理现状分析。首先，从宏观上对我国农村生活垃圾的现状、处理模式、处理的技术方法和集中处理的技术路线进行分析阐释。然后，就调研区域的概况、生活垃圾处理模式、农户参与垃圾集中处理的支付意愿与行为现状进行分析，指出农村生活垃圾集中处理中存的主要问题。

第四章农村生活垃圾集中处理农户合作困境分析。对农村生活垃圾集中处理中农户的支付意愿和支付行为进行分析。采用二元分类评定模型对农户支付意愿与支付行为悖离的影响因素进行研究，得出农户支付行为与支付意愿悖离的影响因素，随后通过解释结构模型识别出支付意愿和行为悖离的深层因素。

第五章公共空间、社会资本对农村生活垃圾集中处理农户合作行为的影响。在第四章研究结论的基础上，从农户所处的社会环境入手，以乡村公共空间和农户社会资本为切入点，采用赫克曼两阶段模型（Heckman – Probit Model）进一步实证分析影响农户支付意愿和支付行为的因素，在从社会环境的视角进一步探讨影响农户合作的影响机制。

第六章异质性对农村生活垃圾集中处理农户合作行为的影响。以农户自身异质性的视角为切入点，采用二元分类评定模型实证分析资源禀赋异质性、偏好异质性、社会资本异质性以及人力资本异质性对农户生活垃圾集中处理合作行为的影响。

第七章农户合作参与农村生活垃圾集中处理的效果评价。运用模糊综合评价法对荥阳市农户合作参与农村生活垃圾集中处理的效果进行分析与评价，剖析农村生活垃圾集中处理不同因素对处理效果的影响程度，并提出加强农村生活垃圾集中处理的政策建议。

第八章结论、政策建议与研究展望。在前几章研究的基础上对研究内容进行总结，并根据研究结论提出有针对性的政策建议。

三 研究方法

（一）数据获得

本书以我国中部地区农村公共产品供给为研究对象，选取中部地区河南省作为调研地。分层随机抽取村庄和农户，进行问卷调查，结合典型调查和深度访谈，获取第一手资料。

1. 问卷内容

主要包括影响农户合作参与生活垃圾集中处理的个体因素和环境因素。个体因素主要包括农户特征（性别、年龄、健康状况、受教育程度、年家庭人均纯收入、在本村年居住时间等）；农户社会资本、农户人力资本、农户偏好；环境因素主要包括村庄类型、生活区人口密度、地区经济水平、自然经济条件、垃圾污染与处理现状、社会服务体系和政策制度等。调查内容还包括农户合作参与生活垃圾处理意愿情况及上述所涉及的影响农户参与垃圾集中处理的内部与外部因素。

2. 调查方法

研究农户合作意愿时采用分层随机抽样调查方法：首先选取河南省农村生活垃圾集中处理的典型地区作为调研区域；其次依次在县里随机抽取 8 个乡镇，在每个乡镇随机抽取 3—5 个村；最后在每个抽样的自然村中随机选取 15—20 名 18 周岁以上的农户进行调查及访谈。

（二）数据处理

本书拟采取以下统计分析方法对研究数据进行处理。

1. 描述性统计分析

运用描述性统计方法对问卷调查所获得的数据进行汇总，并对农户合作参与垃圾处理行为进行初步分析。

2. 信度和效度分析

在进行统计分析前，对调查问卷所涉及的各项内容及变量进行信度和效度分析。

（三）计量方法

1. 乡村公共空间维度的量化

借鉴韩国明等（2012）的分类方法，首先对农户出入的乡村公共空间进行汇总，随后对每一个公共空间按照时间、空间及开放度三个维度予以划分归类。在此基础上，调查农户一定时间内出入上述各类公共空间的频次，测算出该农户出入公共空间三个维度中的类别。

2. 农户支付行为与支付意愿悖离的影响因素分析

采用二元分类评定模型对农村生活垃圾集中处理中农户支付行为与支付意愿悖离的影响因素进行实证研究。被解释变量反映农户支付行为与支付意愿的悖离，由支付意愿和支付行为两部分取值之差的绝对值计算得到，取值为 1 或者为 0，是一个二元选择变量。得出悖离的显著性影响因素后，利用解释结构模型（ISM Model）探究不同影响因素的重要程度，重点探讨导致支付行为与支付意愿悖离的内在机理。

3. 农户异质性测度方法

借鉴赵凯（2012）对农民专业合作社社员的异质性测定方法，构建农户的异质性指数。

4. 社会资本的构建与测度

借鉴王昕（2012）对农户社会资本的分类方法，分别从社会信任、社会网络、社会参与和社会声望四个维度予以构建。

5. 异质性对农户农村生活垃圾集中处理参与行为逻辑的影响分析

采用分类评定模型测度农户异质性对其参与农村生活垃圾集中处理的影响。

6. 农户合作参与农村生活垃圾集中处理的绩效评价

采用模糊综合评价法对农户合作参与农村生活垃圾集中处理的效果进行综合评价。

第五节 本书的创新之处

本书的创新之处有三点：

（1）本书从意愿与行为悖离的视角剖析农村生活垃圾集中处理合作供给的困境，探究影响集体行动发起的不同层次因素，分析破解集体行动困境的机制，从而为突破农村环境公共产品集体行动困境提出有针对性的方案。

（2）运用统计学中潜变量方法将不易观察和描述的乡村公共空间维度和社会资本特征显化，构建表征乡村公共空间三种不同维度和社会资本的指标体系，将该指标纳入计量经济模型，考察典型农村农户合作参与生活垃圾集中处理的行为机制，阐明不同公共空间维度和社会资本对农户集体行动形成的影响机理。

（3）基于异质性视角，分析社会资本异质性、人力资本异质性、偏好异质性影响农户合作参与农村生活垃圾处理行为的机理与路径，探讨异质性对农户参与行为的影响机制，基于中国情景细化研究集体行动中环境公共产品的合作供给，丰富了集体行动理论。

第二章　理论基础

农村生活垃圾集中处理是改善农村基本生活环境，建设"美丽中国"的前提和基础，不仅关系到农民的生活质量，而且影响到国家生态文明的发展进程。因此，研究生活垃圾的集中处理具有重大现实意义。对生活垃圾集中处理农户参与行为的研究，首先需界定清楚研究对象和相关的概念，然后系统梳理农户行为理论等相关文献，并在此基础上构建理论分析的框架，为后续研究的开展奠定理论基础。

第一节　相关概念的界定

一　生活垃圾集中处理

农村生活垃圾的集中处理，主要是按照"户分类、村收集、镇转运、县处理"的模式进行垃圾处理的一种方式，是一种与农民生产生活休戚相关的小规模公共产品，具有一定的公共池塘产品特征。这类公共产品的供给和管理，是对公共产品供给模式的一种创新，借鉴了政府模式与市场模式的优点，同时由于环境公共产品的特殊性，农村生活垃圾集中处理是自下而上与自上而下模式的综合。农村生活垃圾集中处理在一定程度上克服了政府模式效率低下和市场模式交易成本过大问题，成为农村小规模公共产品供给的一种新的探索模式，引起众多专家学者的关注和研究（苏杨珍和翟桂萍，2007；李齐云和张维娜，2010；宋言奇，2012）。然而，这种模式在实践中也遭遇一些问题，从而导致集体行动发起与可持续运行中的障碍。

二 乡村公共空间

公共空间的概念在社会学、人类学等多个学科均有涉及，由于各学科研究的侧重点不同，对其概念的认识和界定也均有不同。社会学家希利尔（B. Hillier，1996）从人机交往的视角对公共空间进行了定义，认为公共空间是一种由社会关系构建的抽象空间；这种空间的大小应由关系的尺度来定义。哈贝马斯（1999）则通过对西方社会中的咖啡馆等公共交流空间的研究，认为公共领域是介于私人和国家之间的中间地带，是一个富于弹性的交往网络，这种交往形式是自发、松散、开放的，是为对话提供的一种公共空间。在中国，社会学、人类学学者也都较早开启了对乡村公共空间的研究。中国农村一直被认为是一个"熟人社会""半熟人社会"（费孝通，1985；贺雪峰，2000）。人们共同生活在一个乡村聚落中，日常出入的集市、祠堂、小卖部，甚至小河边、院落周围等许多场所可以成为公共空间。人们出于自身信仰、生活、娱乐、生产的目的，自由地聚集在这样的场所，交流彼此的感受，传播各种消息。在"熟人社会"这样一个背景下，人们以这些经常出入的场所为依托，逐渐形成了相互交流的空间，而沟通是人们进行社会活动的主要动机之一。乡村公共空间作为社会历史构筑物的同时，也作为一种物质存在参与到话语和社会关系构建中。

结合前人文献和研究开展的实际，本书将乡村公共空间定义为一个拥有固定边界的实体空间，同时也是一个被附加了许多外在属性的文化范畴。具体是指，包括村落中的实体公共场所和空间，以及政治、经济、文化类的协会和组织。

乡村公共空间是农户交流信息、人际交往、消磨时光的自由开放空间。对融洽乡村人际关系、增加乡村社会资本、形成乡村共识等都有一定的促进作用。从农业信息，到修路挖渠、整修塘堰、税费收取、计划生育以及纠纷调解等都在这里持续不断地生成、传播，构成乡村的公共意见和集体记忆。张良（2013）认为，乡村公共空间与社区认同和社会秩序具有紧密的关系，是农户达成共识、互惠合作的重要载体。

三　社会资本

（一）社会资本内涵及本质

社会资本的概念历史相对较短却充满了争议，由于它在多数社会科学学科均有涉及，不同学科对"社会资本"这一概念的起源和内涵均有不同的解释，学术界至今对该概念的界定存在一定的差异。作为研究的前提和基础，首先要明确社会资本概念和内涵。帕特南（2000）认为，社会学家汉尼芬（Hanifan）在1916年最早提出了"社会资本"这一概念，他将社会资本定义为：人们在生活中通过家庭或群体之间相互释放的善意、友谊、同情等而获得的"有形资产"。这些有形资产可以在很大程度上满足成员的需求，并且为其带来利益。洛瑞（Loury）最先在其经济学分析中引入了社会资本，认为社会资本是一种社会关系，这种关系有助于人们在市场中寻找有价值的人和信息。尽管在概念的起源上存在较大的分歧，但社会学和经济学两种学科都强调，社会资本是一种社会关系，关系网络中的成员会从中得到利益。波特（Burt）强调社会资本是嵌入的结果，是个人获取短缺资源的一种能力，这种能力依赖于个人与他人之间的互动和网络嵌入，是个人与他人在关系的互动中形成的一种资产。帕特南（1995）从网络参与的视角对社会资本进行了解读，认为社会资本是公民参与的结果。在一个具有共同文化环境的地区，人们通过对破坏信任关系的人进行惩罚而形成了一个彼此之间相互熟知的参与网络。肯尼斯·纽顿（2000）从社会资本的组成、特征等方面剖析了它的内涵：第一，相同的系列态度和价值观是社会资本存在的前提，可以促进公民之间相互信任与合作，达成互惠；第二，人格网络是社会资本的基本标志，这些人格网络将个体的公私生活联系在了一起；第三，社会资本实质上是一种有利于成员间达成集体行动的结构和关系。科尔曼（1990）认为，社会资本的公共产品属性使其区别于其他形式的资本，信任、网络、规范和权威是其表现形式。他强调了社会结构的闭合和可用的社会组织对社会资本的重要性。

尽管社会资本具有多种丰富内涵，但都围绕着"社会关系网络""公民参与""信任关系"等几个方面展开。从基本上讲，社会资本主要以社会资源为载体，以由社会成员之间相互交流产生的关系网为运作网络，成员在关系网络中的位置则根据自身占有资源的情况决定。随着现代化、工业化、城镇化的推进，农村社会成员之间的沟通和互动更加实时，由此形成的信任会生成一种权威和约束关系，成为社会资本新的内涵，网络中的社会成员在获取资源的过程中也会依此行动。

就农户来讲，社会资本本质上是由社会网络、社会信任、社会规则、社会参与凝聚组成，相互交叉、相互依赖、相互影响。农户的社会网络是指农户在生产生活中形成的社会关系网，而每个农户个体在网络中都有自己的位置，并且形成一个节点，如亲族网络、村落民间组织等。社会信任在社会资本中占有重要位置，是其核心要素，产生于农户间的频繁交流交往中。彼此间的信任使农户间容易达成一致，有利于实现合作。农村社会中，网络成员为了达成共同目标而进行交流交往过程中，能够形成一种对双方都有利的默认的互惠规则，在这种规则下的互动会延伸出一种亲密的社会关系，正是双方对这种互惠规则的遵守，使之成为一种非正式的制约手段，在农户网络整体上的效果就是成员的归属感、一体化。归属感形成的前提是农户在公共事务中的参与程度，农户参与有利于促成自发性的合作和协调，充分表达其利益诉求。乡村居民参与网络既强化了彼此间的交往与互动，同时也有利于形成普遍化互惠和约束规则，导致机会主义和胡作非为的激励因素降低。

（二）社会资本分类及功能

分类是人们有效认识事物的方法之一，对事物的认知由于分类不同而产生不同的结果。根据社会资本的内涵，诺曼·厄普霍夫（1996）将社会资本区分为结构性社会资本与认知性社会资本。前者主要指人们在互动交流过程中产生的系列规则和制度；后者则主要包括了一致的观念和价值等。基于前文对社会资本定义的讨论，从社会资本构成的角度可以把社会资本分为以下四种基本类型：第一，网络型社会资本，指组织个体之间在互动过程中产生的关系网络，以及成员本身在其中所处的位置；第二，参与型社会资本，网络的互动，离不开成员在公共事务中的参与，其参与程度构成了参与型社会资本；第三，信任型社会资本，是指个体间在互动过程中彼此之间形成的信任程度；第四，规则型社会资本，指为了达成共同目标，网络成员之间形成只要遵守就对彼此都有利的互惠规则和非正式的制约手段。

社会资本是一种对人们生产和生活都有多重影响的重要资源。社会功能和经济功能是社会资本的两大基本功能。社会资本的经济功能主要表现为它对经济发展具有重要的推动作用。网络中社会成员的接触互动，既可以增加双方的信息交流以降低因信息不充分引起的风险和隐患，同时个体还可以利用在网络中位置的威望和成员间相互之间的信任，降低交易成本，提高经济绩效，促进经济的繁荣和发展，增进社会成员间的社会资本是克服集体行动困境的有效途径。帕特南（2000）认为，丰富的社会资本不仅会使成员生活得相对满意，也有利于规则和信任的产生，从而促进组织成员集体行动的实现。李惠斌（2000）从社群角度出发探讨社会资本，认为社会资本是一种社会黏合剂。许多通过个人无法解决的问题，国家解决又过于遥远，而通过借助社会资本，在社群中进行自我调节反而容易促使问题得以解决。自发形成的社会资本具有聚集和黏合的作用，可以将分散的农户凝聚起来，参与到集体行动中来。此外，社会资本中的网络、信任、声望和参与促进了成员之间沟通和信息的流动，降低了交易风险性，提高了合作供给的效率。社会资本的社会功能还体现在维护社会秩序、提供精神支持上，特定网络关系中的成员之间在交流中建立信任关系，遵守共同的互惠规则，积极参与公共事务，促进了社会的有序发展。

（三）社会资本与农户合作

针对目前农村生活垃圾集中处理供给不足的现状，不少专家学者提出了以农户合作参与公共产品供给以缓解生活垃圾处理压力的建议。社会资本理论为研究如何促进农户的合作供给提供了理论借鉴（Fukuyama，1995；帕特南，1995；伍尔考克和 Woolcock and Narayan，2000；Lin，2003）。社会成员的交往互动会促成社会资本的生成，社会资本中所包含的特定规则，能够有效克服成员间合作难的困境，提高合作的质量，促成成员间积累更多的社会资本。尽管学者（贺雪峰，2000；吴重庆，2002）研究发现，随着农村社会的转型，农户间形成绝对信任、信息共享默契、传统惩罚机制的情况在当前农村社会已越来越少见，农村社会资本正逐渐发生着变化。但传统农村是一个以血缘、亲缘、地缘、宗族、邻里等关系网络凝结成的社会形态，在社会转型的过程中，在公共责任、普遍互惠等逐渐弱化的同时，社会规范和社会声望却得到了加强，这种农村社会资本结构对农民合作产生着积极的影响（张素罗和赵兰香，2016）。吴光芸（2006）就农村社会资本对农村公共产品供给影响做了深入的探讨，认为乡村社会资本所蕴含的社会规范、身份认同等能够促进农民的合作，内在机制为乡村社会网络奠定了农民合作的基础，而互惠规范使农民合作产生信任，社会声望则有利于对农民合作进行监督激励。在当前市场经济的大环境下，经济利益的驱动成为农户主动参与合作的诱因。农户会更倾向于选择合作来产生更多有效的社会资本。基于网络、信任、规则和参与等的农户合作，凭借社会资本可以有效克服"搭便车"现象和机会主义，建立有效的激励机制，从而推进农户合作，弥补政府提供公共产品时的缺陷，实现资本价值。

四　合作行为

合作是农户互动的典型形式。邱梦华（2008）认为，合作既可以建立在个人之间，也可以建立在群体之间，是主体之间为了一个共同的目标而形成的一种协调、相互配合的社会互动。郑杭生和黄家亮（2012）将合作定义为主体双方为达到共同获益的目标而相互配合的联合行动。戴维·波普诺（1999）则强调了合作是为了实现单个人无法完成的目标而生成的联合行动。达成合作的前提条件是社会成员有共同目标，能为实现目标达成共识并协调配合、共享资源。从上述研究可以得出，合作的双方、共同的目标、相互配合的联合行动成为合作形成的关键因素。因此，本书将合作行为界定为特定公共空间中个人或群体之间为达成某种共同目标而进行联合行动的社会互动过程。

无论是农户为实现个人的需求去积极接触其他个体，还是响应政府号召而生成的联合，农户合作的确是农村垃圾集中处理的有效方式。李远行、何宏光（2012）将中国农民合作行为分成内生型合作和外生型合作两种类型：在内生型合作中农民的合作是主动的，是为了获取某种利益而联合在一起的；外生型合作则是在外力（一般是国家）作用下的联合，实际上是被联合，人民公社时期的农民联合就属于后者。在市场化影响越来越大的农村地区，内生型合作最为稳定和富有生命力。农户在一般意义上是风险厌恶者，具有"有限的理性"，同时具有较强的从众心理。因此，他们对合作的选择会产生更多的可能。本书研究的农户合作行为，重点探讨村级范围内生活垃圾集中处理中的农户合作。这种合作是以农户为主体，以生活垃圾集中处理为共同目标，以政府、村集体或村庄能人为发起者，通过宣传、沟通等互动方式将具有合作意愿的农户组织起来，然后就生活垃圾处理的合作机制进行协商，最终达成一致，并予以执行的过程。

第二节　基础理论

一　集体行动理论

集体行动理论认为，社会现象是社会个体行动的加总。社会中不同的个体有着不同的个人偏好，同时面临着不同的信息和环境，集体行动理论的重要主题则是如何在这些不同个体组成的群体中达成一种诸如公共利益的社会总和判断。在有关集体行动的研究中，有两个代表性的人物，分别是奥尔森和布坎南。奥尔森（1995）认为，组织中成员通过对在集体行动中付出的成本与所获的收益进行比较，来决定是否参与集体行动，只有多于一个成员认为在集体行动中会获益，集体行动才有可能。布坎南则开创了公共选择学派，认为公共选择是经济理论和政治活动的叠加。学者也通过博弈论中著名的"囚徒困境"模型，总结出社会人在错综复杂的互动关系中最一般的特性，在事关每个组织成员利益集体决策时，结果并不取决于集体的公共利益，而是集体中小团体之间的博弈和平衡。缪勒因此得出一个"一般性的结论"：社会环境越是稳定与封闭，自愿供给的公共产品也就较多，同时对个体间合作行为的约束也就越强。但奥尔森认为，小集团也会有合作困境，一个足够小的集团中，一个人"搭便车"会明显造成其他人的负担，如果不能及时制止，则其他成员就会拒绝继续合作，这样集体供给的公共产品也就终止了。

国内方面，学者认为，农民的合作是源于农业生产特殊性下的理性策略，多年来农民的合作方式总是呈现出一种显性和理性交互的状态。基于集体行动的逻辑，集体中经常出现由于个体的理性行为而导致集体非理性结果的情况出现（陈潭和刘建义，2010）。从政治经济学角度分析，在农村公共产品供给中，农户自治和"一事一议"是有着重要区别的；后者则是操作层面的（李郁芳和蔡少琴，2013）。

在农村生活垃圾集中处理中，集体成员的个体理性往往导致个体对公共产品的"搭便车"，只享用生活垃圾处理带来的环境收益而并不为其付费。这正如奥尔森所述小集团面临的合作困境那样，个人利益与集体利益冲突导致生活垃圾集中处理合作供给行动陷入困局。如何破解这种合作的困境，促进生活垃圾集中处理合作供给的有效实现，成为长期被关注的问题。

二 公共产品理论

（一）公共产品的定义

萨缪尔森在《公共支出的纯理论》中给出了纯公共产品的经典定义，并提出了公共产品区别于私人产品的三个特征。他认为，公共产品是同时具有效用的不可分割性、消费的非竞争性和受益的非排他性特征的产品或劳务，每个人对这种产品或劳务的消费不会导致别人消费的减少。国内部分专家学者对农村公共产品也进行了定义，叶兴庆（1997）、黄志冲（2000）、陶勇（2001）、熊巍（2002）等认为，农村公共产品是具有"一定的典型特征"，且服务于农业、农村和农民的公共产品的总称。刘鸿渊和叶子荣（2014）认为，农村社区性公共产品类似于布坎南提出的俱乐部产品，分为有形公共产品和无形公共产品两大类。总结前人研究，可以把农村公共产品概括为农村地区的政策制度、卫生、道路、通信、电网、教育、农业建设、医疗等政治、生活、文化设施和服务。

（二）公共产品的分类及其属性

公共经济学将社会产品划分为公共产品和私人产品两种类型。公共产品又被分为纯公共产品和准公共产品两类。纯公共产品就是萨缪尔森定义的完全非竞争性和非排他性的物品，诸如国防、公共安全等；准公共产品介于纯公共产品和私人产品之间，兼具两者的部分性质又不完全相同。对于准公共产品的供给，在理论上政府不应是唯一的供给主体。学者认为,当前大部分产品都属于准公共产品,根据其特性又可以再细分为地方公共产品(使用和消费局限在一定的地域中)、公共资源(拥挤型)和俱乐部产品(明显排他、可计价)。农村公共产品作为准公共产品,由于受益地域比较狭窄,受益人群比较固定,有一定的俱乐部产品特征。

(三)公共产品的供给

非排他性是公共产品的典型特征,这一特征导致公共产品的供给出现"市场失灵",从而使市场机制难以在一切领域达到"帕累托最优"。庇古(Pigou)认为,政府应是公共产品的供给主体,主张公共产品供给中政府的干预。萨缪尔森(1954)对提供公共产品的最优效率进行了研究,得出如果私人产品和公共产品生产的边际转换率与消费者对私人产品和公共产品的边际替代率之和相等,则实现了公共产品供给最优的一般均衡。奥尔森(1965)的"集体行动的逻辑"理论否定了公共产品的私人供给,认为追求自身利益最大化的理性个体会为供给公共产品努力。科斯(1974)提出,产权的明晰是确定政府供给和私人供给的关键。奥斯特罗姆(2000)通过大量的实证研究发现,只要遵守边界明晰等若干共同的原则,通过农户自组织供给具有公共池塘资源特征的公共产品就可以实现。布坎南(2009)则提出,在供给公共产品时可以引入市场机制。国内学者也对公共产品的供给做了深入的研究,认为公共产品供给的最优条件是确定实现消费者效用最大化公共产品的供给量和供给价格水平(熊巍,2002;林万龙,2007)。徐鲲和肖干(2010)则认为,农村社区公共产品的自愿供给是可能实现的,政府应该为其提供制度保障。

(四)农村生活垃圾集中处理的属性及供给

农村生活垃圾集中处理是保障农户生产、生活的基础性公共服务。目前在中国农村地区大量存在的事实是:村民产生和随意丢弃垃圾却不考虑对整个区域的影响,农村环境较差。生活垃圾一般多由政府或者集体进行处理,村民都可以享受成果,造成垃圾处理效率低、成本高、效果差,最终导致"公地悲剧"的产生。曹锦清(2000)在《黄河边的中国》一书中指出了中国农民的"善分不善合",何代忠(2006)也指出农民像"一袋土豆",所以农民自发的合作行为始终是一个难题。与此形成鲜明对比的是,在部分农村地区,农户在通过合作供给公共产品(比如修路)上取得了成功。目前,农村生活垃圾集中处理的供给主要有政府补贴、私人承包等形式,或以收取清洁费的形式进行筹资。在政府集中供给后继乏力和私人无力承担投入费用的现实情况下,农户合作供给不失为一条有效的治理途径。而随着农民收入增加,农户经济实力增强,农村生活垃圾污染的问题也越来越严重。这种情况下,不再只有政府部门去对垃圾进行治理,农户自发组织起来对环境建设进行积极配合的意愿也有所增加。在农村社区实践中,有部分农户为了保持良好的生活环境条件,主动发起合资建立生活垃圾定点收集设施,因此提高了生活垃圾处理效率。

三 农户行为理论

(一)农户行为理论的定义

农户是由依靠血缘组成的一种社会组织单位,具有不同于城市家庭的典型特征,不仅是一种生活组织更是一种生产组织,一些人数众多的典型农户的行为可被看作有组织的群体生产行为。恰耶诺夫(1996)、舒尔茨(1964)、黄宗智(1986)、斯科特(2001)、贝克尔(1998)、张五常(2011)等学者对农户行为进行了研究和发展,认为农户行为是依据自身的效益最大化而对外界信号做出的判断和反应。这种反应跟特定的社会经济环境有关。

(二)现阶段我国农户行为的特点

农户行为很大程度上受到个人理性影响。由于农户的经济基础相对薄弱,投入资金到公共产品中会对个人产生影响,因此正如奥尔森(1996)所言,由于"搭便车"心理的存在,除非一个集团中人很少,否则理性的个体不会为他们的共同利益采取行动。行为经济学认为，个体的认知决定其对事物的态度或看法，进而影响主体的选择行为。由于认识到生活垃圾的随意排放已对生活环境产生了一定的影响，以及集中处理生活垃圾对环境改善有效果，农户对垃圾集中处理会产生较强的参与意愿。同时，农村传统宗族社会主要以地缘、血缘关系为纽带，社会网络对农户行为具有重要影响。在个别有号召力的农户带领下，其他农户往往也会参与到公共产品供给中来。这就使农户行为具有行为和目标的双重性。

（三）农户参与生活垃圾集中处理的主要制约因素

制约农户参与生活垃圾集中处理的因素较多，概括起来，有宏观因素和微观因素两类。宏观因素主要包括以下几个方面：①政府行为和决策。政府通过相应的政策法规等方式有效而深刻地影响农户行为。②公共产品供给制度。由于相关制度不健全，当前我国农村地区尚未能实现有效的公共产品供给。③垃圾处理技术水平。技术决定效果，我国农户长期受小农经济思想的影响，对新技术、新知识反应较为迟缓。微观因素主要包括以下几个方面：①农户环保意识。政府不能广泛有效地宣传环保知识，农户自身也未能提高意识，往往因被动参与而降低垃圾处理效率。②村落居住环境。农村是一个由人情、地缘联系起来的社会网络，居住环境氛围会影响到农户的认知，进而影响农户参与生活垃圾集中处理的积极性。③农户收入水平。生活垃圾处理作为准公共产品，需要农户参与供给。小康型农户除了满足必要的消费品，认知和行为会偏向于创新，而贫困型农户一般都无力也无意参与供给。这些因素都会影响农户参与生活垃圾集中处理。总的来看，作为认知和行为主体的农户，会不断追求自身利益最大化，也赞成对自己收益有利的社会变动。从这个角度讲，农户是理性的行为支配者，他们能充分利用理性的创造性、效用性来确定他们的行为目标。

（四）农户行为在生活垃圾集中处理中的作用

公共产品的政府供给模式虽然在理论上具有合理性，然而现实供给过程中却面临诸多问题，供给效率低下、资金不足、竞争机制缺失、"政绩性"公共服务供给过剩等导致公共服务供给陷入较明显的困境。而随着农民经济收入水平的提高和对农村公共产品需求的增加，农户作为主体合作参与公共产品的供给也变得越来越有可能。因此，应重视农户行为在生活垃圾集中处理中的作用。农户参与模式有明显的优越性：一是通过对公共产品需求的表达与反馈，完善政府关于农村公共产品的决策；二是农户自身参与生活垃圾集中处理合作供给后，就会以主人翁的态度参与监督与管理，可以明显提升公共产品的供给效率；三是农户的合作可以拓宽公共产品供给的筹资渠道，解决资金不足的问题。

农村生活垃圾的集中处理，是一种与农民生产生活息息相关的小规模公共产品。曲延春（2015）认为，应当整合政府与市场的关系，政府负责安排公共产品的项目和投资，通过市场竞争的方式由企业来生产，由于引进了竞争机制，生产效率会明显提升，最后生产好的公共产品由政府来提供。在当前我国农村公共产品投入严重不足的情况下，农户合作参与农村生活垃圾集中处理就可能成为超越"集体行动困境"的关键。这种行为应由村庄中的精英人物动员发起（村委会成员显然是首要人选），普通农户参与，形成一个良性互动的过程。即以村集体或村庄能人为发起者，以生活垃圾集中处理为共同目标，通过宣传、沟通等互动方式将具有合作意愿的农户组织起来，然后就生活垃圾处理的合作机制、成本分摊等进行协商，最终达成一致，并予以合作执行。

第三节　农村生活垃圾集中处理农户合作行为的生成机理

农村社会经济发展离不开农村基础设施的建设和公共产品的投入，这本身对提高农户的社会福利水平具有重大作用。生活垃圾集中处理属于农村公共产品与服务的范畴，帕累托最优理论认为，生产资源或财富只有达到不使其他任何人处境变坏就没法使其中一个人的处境变得更好的状态，才是效率最佳的状态，即帕累托最优。显然在我国农村地区，农村基础设施建设等公共产品的供给长期处于短缺状态，同时还存在供给结构失衡、效率低下的情形，因此还不完全具备运用公共产品最优供给模型的假设前提。一方面，农民很可能会因为个体利益或者周围舆论而隐藏其真实意图，使其偏好处于失真显示，并出现侥幸心理，从而使农村生活垃圾处理时容易产生"搭便车"现象。另一方面，关于农民行为的研究，胡敏华（2007）通过对前人的研究进行梳理认为，中国农民的行为是理性的，但由于受到信息不对称、主观认知能力和环境舆论压力的影响，农民的行为理性是有限的。因此，在农村生活垃圾集中处理中，农户参与行为很大程度上取决于个体利益与集体利益的重合程度。农村生活垃圾集中处理的参与行为会受到政治、经济、文化、社会等因素的多元影响，而不再是行为主体单一通过成本—效用权衡后就做出的决定。随着政府提供公共产品的各种缺陷日益暴露，许多学者开始讨论公共产品多元化的供给模式，萨缪尔森、林达尔等国外众多学者分析研究了公共产品的有效供给条件，并得出了各自不同的结论与判断。国内部分学者认为，应发挥农户的主体地位，同时有效引导农户对认同的好名声的认知，可能会导致农户自愿供给农村社区内的公共产品（符加林等，2007）。相对于政府和市场来说，农户参与行为模式不仅在实现上成为可能，而且由于是一种自下而上的自主行为，能有效克服政府模式的效率低下和市场模式的交易成本过大问题，成为农村小规模公共产品供给过程中一种理想的选择模式。

首先，在当前我国农村地区，亲缘、地缘、血缘、宗族关系等是农户之间联系沟通的纽带，构成了隐形的农村社会网络，这种网络中的成员间有日积月累形成的最便捷有效的信息沟通方式。同时，也可以凭借这种关系网络对资源进行调配和重组，以优化资源的配置和提高效率，网络中的农户个体则共享这种网络资源和分配机制。农户在具体参与生活垃圾处理合作供给中，通过交流，以观察或相互沟通的方式了解合作意愿，然后通过自己的网络关系进行信息的传播和反馈，为合作供给搭建了信息交流和舆论反馈的平台，不仅降低了农户间的信息交流成本，也容易使农户间分散的意愿取得统一。

其次，彼此间的信任对意愿达成后的合作具有重要影响。同一村庄中的生产生活、人情往来，以及共同的习俗文化使农户彼此间发展出信任的关系。在此基础上，成员对合作的发起人如果内心认同，则对发起人的行为和目的就会减少怀疑，同时也会更有合作的意愿，从而降低了监督成本。农村生活垃圾集中处理属于准公共产品，具有公共池塘特征，农户间彼此信任的社区环境才能有利于公共产品供给。

再次，社会声望对公共产品供给也具有重要影响。社会声望就是互惠信任带来的交易成本的节省（周黎安等，2006）。声望较高的农户提出合作时，农户的信任度也强，就会给予高承诺，有益于合作的达成。同时，会降低合作协商的成本，提高合作供给的效率。陶传进（2005）提出，农户除在意经济因素外，还很在意自己在村中的名声，通过为其他人做好事来维护自己的名声和面子。这就使更加重视地缘、声望的农村社会成员担心因自己的投机行为而被其他人边缘化，这在农村社区是一种较为严厉的惩罚，会导致长期的压抑和不安，影响到日常的生产生活。声望还意味着周围人对个体的评价和信任，在合作中发挥着信号的功能（黄璜，2010）。此外，农户积极参与合作会提高自己在村庄中的认同度，也会获得别人对自己的好评，长期下来会形成一种良好的激励机制。这种激励机制为顺利进行农村生活垃圾集中处理，提供了克服投机行为和"搭便车"的有利条件。

最后，公众参与能带来高度的承诺及执行能力（Spence et al.，1986）。只有通过农户对生活垃圾集中处理的参与，在合作过程中才能准确表达需求、加强归属感和责任感。农户参与行为更多体现出个体对公共事务的认同感，反映出农户对生活垃圾处理的利益诉求。目前，我国政府公共产品供给中提供了大量的"政绩性"供给，而农民需要的公共服务供给不足。这种现状不利于有效转变农民对公共服务供给的观念，事实上，农户认为农村生活垃圾集中处理越重要，其合作供给意愿就越强，从而进行参与合作供给行为的动力也就越足。参与可以激发农户的公共精神，同时会提高农户对公共产品供给的监督，从而提升其供给效率。这缓解了政府短期的供给压力，从长远看来也是公共产品供给的发展趋势。

综上所述，农户通过农村社会联系网络相互交流，形成信任关系，有效减少合作的监督成本，克服农户投机和"搭便车"的心理，增强集体行动的凝聚力和一致性，将农村生活垃圾处理从"集体行动困境"中抽离出来，使农户参与合作最大限度发挥作用。由于农户参与供给可以避免政府供给中的短缺和效率低下，所以为农村生活垃圾集中处理提供一条新的路径。

第四节　本章小结

研究对象的界定和理论框架的构建对研究的开展起到基础性的作用。本章界定了农村生活垃圾集中处理的基本概念，明确了研究对象；通过乡村公共空间、社会资本、农户合作行为等理论的梳理，重点探讨公共空间、社会资本等对农户生活垃圾集中处理合作供给参与行为的影响机理，为后续研究的开展设立科学的分析框架与奠定坚实的理论基础。

第三章　我国农村生活垃圾处理现状分析

　　生活垃圾一般指人类在日常生活及为日常生活提供服务的活动中产生的固体废弃物（邱才娣，2008）。随着当前经济发展和农民消费能力与物质生活水平的不断提高，农村生活垃圾总量迅速增长，且种类结构也发生了较大变化，从过去单纯的厨余垃圾、秸秆等农村生产生活垃圾转变为包括橡胶、电池、塑料、废纸等包装物在内的更多种类。以往农村生活垃圾多采用堆肥、还田等方式直接处理利用。当下农村日益增长的生活垃圾总量和种类给以往这种直接循环利用的处理模式提出了很大挑战。农村大量无法通过传统方式处理的垃圾就地堆积，对居民生活居住环境造成了深度污染。生活垃圾处理已经成为农村环境污染治理面临的头号问题之一。本章首先分析我国农村地区生活垃圾的现状，介绍农村生活垃圾处理的主要模式以及处理的主要方法。在此基础上，提出农村生活垃圾集中处理的技术路线，最后采用描述性分析方法分析调研区生活垃圾集中处理农户参与的意愿与行为，并总结了生活垃圾集中处理存在的主要问题。

第一节　农村生活垃圾现状

　　近几年，我国农村生活垃圾排放量大幅增加，而大部分农村的垃圾并未做任何处理直接排放，对环境造成的污染严重。魏梦佳（2009）的统计数据显示，我国农村地区年产生生活垃圾约 1.1 亿吨，其中直接排放的占到 0.7 亿吨。与此同时，农村生活垃圾的处理能力仍十分落后，仅有约 26.8% 的行政村设有垃圾收集站所。约 1/3 的生活垃圾仍采取随意堆放等方式进行处理。据住房和城乡建设部初步统计，截至 2013 年年底全国农村地区对生活垃圾进行处理的仅有 21.8 万个，仅占全国行政村总数的 37%（刘喆和张益，2015）。2008 年一项全国百余村的调研发现，我国现在的水污染中有 24% 的饮用水污染和 18% 的湖泊河流等水污染要归咎于生活垃圾的不当处理（黄季焜和刘莹，2010）。超过农村现有处理能力的大量生活垃圾，占用了现有土地资源；造成了农村生活、生产环境污染；更有甚者，增加了细菌、疾病等的传播可能性。随着"生产发展、生活宽裕、乡风文明、村容整洁、管理民主"的社会主义新农村建设整体推进，整治村容村貌、确保农村环境整洁成为新农村建设中重要的一环。随后，中央政府提出生态文明建设要着力推进绿色发展、循环发展，形成节约资源和保护环境的空间格局。就此，农村面源污染治理、饮用水水源地保护、生活垃圾处理等逐渐进入公共视野。就目前农村地区的情况而言，生活垃圾处理普遍存在区域差距大、处理标准不统一的状况。一些地方政府率先将农村生活垃圾集中处理提上了日常，部分发达地区已建立了较为成熟的农村生活垃圾处理体系。就全国分地区来看，经济发展水平较高的东部地区，生活垃圾集中处理的比例也较高，设置垃圾收集点的行政村覆盖比例达 82%，进行集中处理的行政村有 68%；东北地区和中部地区位居其次，有 50% 的行政村设置了生活垃圾收集点；西部地区不论在农村生活垃圾的收集还是处理上都显得相对滞后。就一个区域范围来讲，紧邻县乡（镇）的行政村开展生活垃圾集中处理的比例较高，而偏远行政村则大部分未采取有效措施规范当地农村生活垃圾处理，任由生活垃圾堆放在田间地头或倾入河道。成熟的垃圾集中处理模式缺位仍是农村生活垃圾无法得到恰当处理的首要因素。

目前，我国经济较为发达地区，如江苏、广东、浙江等地的农村由于经济基础好，当地农民环保意识较强等因素，其生活垃圾集中处理现状明显优于其他农村地区。当地政府对生活垃圾集中处理投入了

更多的财政资金，建立起了更为先进的垃圾处理机制。多地已对垃圾
进行统一收集、运输和处理，并取得了良好效果。其中部分地区还提
出了"五个一点"筹资思路："政府补一点、集体出一点、农民筹一
点、外出乡贤和企业捐一点"多渠道筹资方式，在减轻当地财政压力
的同时，鼓励乡镇（街道）筹资保障农村生活垃圾集中处理设施配备。

　　但对于大部分经济状况较落后的农村而言，政府对于农村生活垃
圾集中处理的资金投入及重视程度较低，当地农民的环保意识也较
弱，多数地区缺少符合条件的生活垃圾处理设备，垃圾处理方式仍较
为粗放。农村生活垃圾除有变卖价值的以外，基本没有做任何分类，
大部分农民会随手将生活垃圾丢弃在田间村头、道路两旁以及河塘洼
地，导致土地资源被占用等现象。由于农村生活垃圾中存在电池、过
期药品、化肥袋、塑料袋、农药瓶等，长期堆积还会造成土地及水污
染。在对调研地农户的调查中，我们专门设置了代表有害垃圾的废旧
电池回收问题选项，发现没有一个村进行废旧电池的专门回收，在问
及如果采用有偿回收，多少钱农户愿意积攒废旧电池出卖时，绝大部
分农户选择了每节 1 角及以上才会收集的回答。农村生活垃圾除简易堆
积外，还有部分地区处理方式比较粗放，主要是通过填埋、集中焚烧等
方式。当地农村生活垃圾集中处理处于政策及资金扶持均缺失状态。

第二节　农村生活垃圾处理的主要模式

　　中国农村垃圾处理主要有两种模式。一种以经济较发达、居住
相对集中的江苏、浙江等东部沿海发达省份为代表，推行城乡一体化
的生活垃圾集中处理模式；另一种适用于经济欠发达、居住相对分散
的中西部广大农村地区，推行源头分类减量的分散化处理模式。

一　统一集中处理模式

　　目前，我国生活垃圾统一集中处理收效较好的方式为"户负责

投放，村负责收集，乡镇（街道）负责中转，县负责处理"。根据距垃圾处理场的远近还可以细化调整，离垃圾处理厂较近的周边镇可免去"县负责处理"环节，通过"镇转运"直接将各村的生活垃圾集中运至垃圾处理场进行无害化处理。整个生活垃圾集中处理过程从"户负责投放"开始，农户既是生活垃圾的直接排放者，同时又负责对自己产生的垃圾进行收集，负责将房前屋后的垃圾清扫放至周边垃圾桶或垃圾投放点内。"村负责收集"指的是各村根据大小按片区或网格由指定的保洁员进行街道的清扫，并将公共区域的垃圾和各垃圾投放点（垃圾桶）的垃圾进行集中，转运至村庄的垃圾收集点（垃圾房）。"乡镇（街道）负责中转"是指由镇政府统一组织，将各村垃圾收集点（垃圾房）的垃圾进行收集和转运，运至垃圾中转站（距垃圾处理厂较远）、垃圾处理厂或垃圾填埋场。"县负责处理"是指对各镇清运至垃圾处理场的垃圾统一做无害化集中处理。在垃圾集中处理的清运过程中，既可以由各乡镇政府自行负责转运，也可以面向社会进行私人承包。这种方式可以充分利用县（区）等已经建设完备的垃圾处理系统，将农村生活垃圾集中收集后，运送至已有的垃圾填埋或焚烧厂进行处理。农户仅需负担垃圾的定点投放工作，由村镇负责统一收集、转运。统一集中处理模式的最大优势是可以充分利用已建成的垃圾处理终端，将其垃圾处理覆盖面扩大至邻近村庄，避免了垃圾处理终端的重复建设，不会给县一级政府带来相关财政压力。

但集中处理模式也存在一些不足。首先，该模式下村集体和乡镇政府需负责从收集到转运的整个过程，然而村集体和乡镇政府资金力量薄弱，收集转运过程中存在的环卫工人雇用、垃圾车辆维护等费用，可能给村集体和乡镇政府带来了一定的资金压力。其次，对于距离城市较远的村庄，如若采取集中收集处理的模式，则需负担较高的运输成本。最后，县一级已建成的垃圾处理终端可以接受处理的垃圾总量是一定的，若在垃圾处理终端设计时未将周边农村垃圾计入处理范围，那么集中处理模式可能会导致现有垃圾填埋、焚烧场站可能因为吞吐量不足而面临较大的垃圾处理压力。

二　源头分散化处理模式

垃圾分散化处理的基石是源头减量化处理,源头减量化处理的根本原则是垃圾分类处理。即农户在丢弃垃圾之前首先对垃圾进行分类,对于有机物类可直接还田、堆肥的垃圾进行还田堆肥处理;对于可进一步回收使用的玻璃、纸等收集后售卖至回收处;对于药品、电池等可能存在毒害物质的垃圾则单独收集后送往毒害垃圾收集点;对于瓦片、砖头等无机物垃圾则送至垃圾集中堆放点,统一运送至垃圾填埋站所进行填埋处理等。

通过这种方式,达到了在源头对生活垃圾进行减量的目的,减少了后续需要集中处理的垃圾总量,降低了垃圾集中焚烧、填埋终端的处理压力。同时,也满足了对农村生活垃圾中可循环利用的部分进行资源化使用的要求。由于达到了垃圾减量的目的,故可以有效减少后续的垃圾处理费用,从根本上降低了距离城市较远村落垃圾进行统一集中处理的成本。但该模式也面临着一些困境:首先,当前我国农民垃圾分类收集处理意识较弱,尤其是距离城市较远的村落,因为经济发展水平相对较低,农户对于垃圾减量化、资源化处理的意识相对薄弱,故垃圾源头分散处理在农民中推广存在一定难度;其次,对于可还田、堆肥等处理的有机物垃圾,大部分村庄可能缺乏相应的堆肥处理设施,无法满足在村内即可对有机物垃圾进行资源化处理的要求。

第三节　生活垃圾处理的主要方法

一　粉碎直排法

粉碎直排法顾名思义即将垃圾直接粉碎后排入下水道,与生活废水一起进行处理。该方法主要针对厨余垃圾，通过在下水道口安装机械研磨装置，将垃圾进行切割粉碎后直接排入下水道。由于粉碎直排法方便易行、成本较低，成为欧美等国家厨余垃圾处理的主要方式。但该方式也存在一定的缺点，主要是冲排垃圾废物耗水量较大，增加了供水负担，浪费水资源；粉碎后的厨余垃圾由于有机物含量较高，残留在下水道中容易腐烂、滋生细菌，增加了细菌、疾病等的传播风险；增加了城市污水处理的压力。

由于农村天然的环境优势，厨余垃圾可轻易通过堆肥等方式还田，变废为宝，因而粉碎直排法在农村生活垃圾处理过程中可取度较低。

二 填埋法

填埋法意即将垃圾填埋至地下，该方法是历史最为悠久的垃圾处理方法。经过多年的发展，当前填埋法已发展出卫生填埋的多种新方法，如沥滤循环填埋、压缩垃圾填埋和破碎垃圾填埋等。由于填埋法具有成本极低的自身优势，因而被广泛采用。垃圾填埋场所多采用矿坑、采石场、黏土坑等已存在的废坑，可达到填埋垃圾的同时修复地貌的目的。但该方法也有其自身缺陷：一是垃圾填埋会产生大量的垃圾渗滤液，如若处理不当渗入土壤和地下水后，会产生严重污染难以处理；二是该方法将占用大量的土地资源用以填埋垃圾，但是垃圾中还存在一些可循环利用的部分，填埋后无法进行资源化利用。针对农村生活垃圾处理来说，"一刀切"采取卫生填埋的方式较为不可取，但对农村生活垃圾进行源头减量化处理后剩下的无机物垃圾等可采用统一集中填埋的方法。

三 肥料化处理

肥料化处理主要针对农村生活垃圾中的果皮蔬菜等厨余垃圾部分进行处理，根据堆肥的原理可以将其分为好氧堆肥和厌氧消化两种方法。好氧堆肥利用了好氧微生物所产生的细胞酶将固体有机物分解，该堆肥方式需要在有氧条件下进行。好氧堆肥法技术较为简单，推广难度不大。但该处理方法所需面积较大，且微生物分解有机物过程中可能产生难闻气体，影响环境。由于厨余垃圾中含水量较高，在分解过程中垃圾逐渐呈现糊状，影响尚未分解垃圾与空气的接触，导致出现缺氧环境，阻碍好氧微生物进一步作用；由于厨余垃圾中存在的盐分和油脂也会影响好氧微生物发挥作用，进而导致好氧堆肥所产生的肥料质量不高。厌氧消化则利用厌氧微生物对垃圾中的有机物进行分解转化。厌氧菌在厌氧条件下将有机物垃圾中的碳、氢、氧等转化为二氧化碳和甲烷气体，氮、磷、钾等则转化为农作物更好吸收的方式余留在残留物中。厌氧消化法在垃圾处理过程中主要靠现成设备等进行操作，能够避免好氧堆肥过程中产生恶臭的缺陷。但由于厌氧微生物对温度、湿度、酸碱度等的要求较高，厌氧消化操作过程对操作人员提出了较高的技术要求。

　　针对我国农村生活垃圾处理而言，肥料化处理法最适合农村特点。能够在源头对垃圾进行减量的同时，将生活垃圾进行资源化处理，一举两得。但需要注意的是，应处理好肥料化处理过程中的卫生问题，避免可能存在的环境污染。同时应加强对肥料化处理方法的科研创新力度，使肥料化处理方法更便捷、易推广。

四　饲料化处理

　　饲料化处理方法主要也是针对生活垃圾中的厨余垃圾部分，由于厨余垃圾中存在大量的有机物，故可通过生物处理制饲料和高温消毒制饲料两种方法对其进行饲料化处理。生物处理制饲料主要是指将已培养好的菌种加入垃圾中进行密封贮存，使微生物进行发酵繁殖，随后将致病病原体杀灭，将剩余部分制成饲料。高温消毒制饲料法主要是指通过对厨余垃圾进行高温消毒，在杀灭垃圾中可能存在的病菌的同时对垃圾进行脱水化处理，经过这一工序后，就可以进入粉碎化环节，直接制成饲料了。饲料化处理主要针对的是厨余垃圾，由于厨余垃圾中含有蛋白质、纤维素、油脂等多类营养成分，将厨余垃圾进行饲料化处理的可行性较高。同时，将厨余垃圾用作饲料化处理的原材料，成本低廉，且供应量大，不失为垃圾源头化减量、资源化处理的好方法。

目前，饲料化处理技术日趋成熟，该方法在深圳、沈阳等一些大中城市已经得到了较好的推广和使用。但该方法可能存在一定的安全隐患，如若消毒不达标，可能会导致畜禽食用后致病，产生食品安全问题。故而应制定出台详细配套的行业标准和法律规章，确保将食品安全问题产生的可能性降到最低。

五 焚烧法

焚烧法一般是指将生活垃圾投入特制的焚化炉中进行焚化，焚烧所产生的热量还可用于区域发电或区域供暖使用，能实现垃圾资源化的目的，且经过焚烧后的垃圾体积可缩小至原有体积的50%—80%。焚烧剩下的残渣中含有大量的金属及其他一些毒害物质，可加入二氧化硅等辅料高温烧结后制作玻璃等，也可作为原材料用于生产水泥、瓷砖等建筑材料。焚烧法可实现对垃圾的批量处理，同时还可产生热能供发电取暖使用，因此使用范围较为广泛。但由于焚烧法对垃圾热值有一定要求，故多用于处理木头、纸张等易于燃烧的垃圾。厨余垃圾等由于含水量较高，焚烧过程中可能产生大量水蒸气等影响焚烧，不适合进行焚烧处理，因而焚烧法多用于处理无循环利用价值的无机垃圾或者有机无害垃圾等。

作为一种使用较为普遍的垃圾处理方法，焚烧法有其无法忽视的自身缺点。由于生活垃圾的成分较为复杂，垃圾焚烧过程中会产生烟尘、有害气体等，极易造成空气污染；焚烧产生的废渣等如处理不当，也会造成环境污染。

六 热分解法

焚烧法主要是通过焚烧的方式将产生的热能加以利用，不同于焚烧法，热分解法可以对生活垃圾进行多层次的资源化利用。热分解法主要是指在缺氧或者无氧环境下，对生活垃圾进行热蒸馏。生活垃圾中含有大量的有机物，由于有机物在高温条件下不稳定，热蒸馏后会裂解，进一步冷凝后可分离出甲烷、一氧化碳、二氧化碳、氢气等多种可利用气体，焦油、芳香烃等可利用液体，剩下碳黑、炉渣等固体物质，能够大大地提高生活垃圾的资源化使用率。

但热分解法对于温度等参数的要求较高。由于生活垃圾的成分较为复杂，厨余垃圾等的含水量较高，故而可能会导致热分解过程中的温度不恒定，使热分解过程较难控制。

七　其他方法

除上述方法外，生活垃圾处理还可采用多种方法，如生物技术综合处理法、提取生物塑料降解技术等。生物技术综合处理法是最环保的处理方式，其工艺处理技术也最为先进。这种方法可最大限度实现垃圾的资源化，是今后开展生活垃圾处理的趋势和潮流。提取生物塑料降解技术也是针对生活垃圾中的厨余垃圾部分，主要通过厌氧菌发酵生产乳酸，得到乳酸后，将其进一步合成聚乳酸（这是一种可降解的生物材料），用于制作生物降解塑料。提取生物塑料降解技术不仅使生活垃圾得到资源化处理，同时也降低了乳酸的生产成本。除此之外，还有自动控氧法堆肥技术等多种方法。但较为可惜的是，垃圾分解处理方面虽研发出了多种新技术，但在实际推广中均面临着诸如操作较为复杂、大规模推广成本较高等问题。

第四节　我国农村生活垃圾集中处理的技术路线

通过对当前主要的垃圾处理方法进行分析可以看出，由于生活垃圾成分较为复杂，单一采用某种方式进行处理均有缺陷，将上述方法结合使用才可以达到最大限度对垃圾进行减量化、资源化、生态化处理的目的。故本书将农村生活垃圾集中处理与源头分散化处理方法结合，探讨在收集、转运、处理过程中垃圾粉碎直排、填埋、肥料化处理、饲料化处理、焚烧、热分解等方法的可能应用。

农村生活垃圾可以分为有机垃圾、无机垃圾、有害垃圾和其他垃圾四类。有机垃圾是在自然条件下易降解的垃圾，主要包括厨余垃圾、农作物秸秆、动物粪便等，可以饲料化处理或者经微生物发酵进行肥料化处理。无机垃圾主要包括废纸、塑料、玻璃、金属和布料等有利用价值的垃圾，可以通过分类进行回收利用或者进行焚烧发电。有害垃圾是指对人体健康或自然环境造成直接或潜在危害的物质，包括农药瓶、废电池、废灯管、医疗垃圾等，这些垃圾需要单独集中处理。其他垃圾是指除上述几类垃圾之外的砖瓦陶瓷、渣土等无毒无害但又不可回收、不可自然降解的垃圾，可以通过统一填埋进行处理。农村生活垃圾分类模式具体见图 3 - 1。

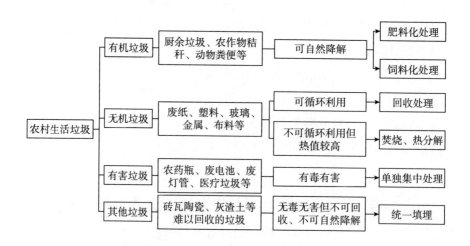

图 3 - 1　农村生活垃圾分类模式

与城镇居民相比，农村居民整体居住得较为分散，生活垃圾产生的面积广，产生源分散，清理过程简单，但垃圾收运难度大。因此，宜将生活垃圾的分类与集中处理流程紧密结合，从生活垃圾的"户集中"开始，将可以循环使用的垃圾进行回收。在"村收集"环节进行有机垃圾的肥料化处理，减少镇转运的压力和工作量。在"镇转运"环节做好有害垃圾的转运和其他类垃圾的统一填埋。最后将热值较高的无机垃圾、有条件饲料化处理的厨余垃圾和有害垃圾统一归口至"县处理"环节，用于统一处理或者焚烧发电。特别是对于距离垃圾处理厂较偏远的村庄，应在农户和村集体将垃圾进行源头分散化处理后，再将剩余垃圾进行统一收集转运，随后统一进行处理，尽可能减少生活垃圾转运和处理的成本。各环节的处理方式见图 3-2。

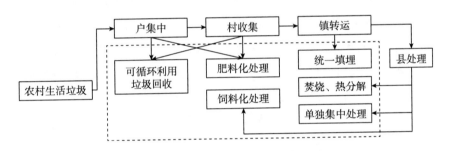

图3-2　农村生活垃圾集中处理流程及方式

第五节　农村生活垃圾集中处理
合作供给现状分析

一　调研区概况

　　荥阳市位于河南省中部，距离省会郑州仅 15 千米。区域面积 943 平方千米，截至 2015 年，荥阳市总人口达 65 万。全市城镇居民人均可支配收入 24800 元，农民人均纯收入 14650 元，在河南省经济排名中位于前列。

荥阳市在河南省较早开展农村生活垃圾集中处理，2002 年以焚烧垃圾发电的荥锦垃圾焚烧发电厂投入使用。2007 年，荥阳市政府选取 10 个行政村开展生活垃圾集中处理试点。2010 年，又通过市乡两级加大投入，建立和完善处理终端的农村垃圾处理系统。截至 2014 年，该市已按照村收集、镇转运、县处理的垃圾处理机制全面实行农村生活垃圾的集中处理。首先，农村生活垃圾集中处理在农村公共产品中的需求层次中较高，需要一定的经济发展水平作为支撑，荥阳在全省县（市）经济中位于前列。其次，该市于 2007 年被评为全国卫生城市，在农村环境卫生集中治理工作中起步较早，具有一定的典型意义。也正基于此，本书将调研区域选择在荥阳市。课题组于 2013 年 4—7 月对河南省荥阳市豫龙镇、广武镇、高村乡、贾峪镇、王村镇、城关乡、崔庙镇、汜水镇进行了实地调研。每个乡镇随机抽取 3—5 个村（分别为二十里堡、焦寨、晏曲、光武村、三官庙、桃花峪、车庄、南董、韩常村、宋村、刘沟、贾峪林、岵山村、槐林村、洞林村、王村村、洼子村、房罗村、龙泉寺、西史村、大庙村、石井村、白赵村、马寨村、新沟、东河南、赵村），每村随机抽取 15—20 户村民。此次调研共发放问卷 450 份，获得有效问卷 421 份，问卷有效率为 93.56%。

农村生活垃圾集中处理采取户收集—村集中—镇转运—县处理方式。基本以 20—30 户为单位建定点垃圾收集池，另每个村建 1—2 个垃圾中转房。各户将自家垃圾收集在自备的垃圾桶中，通过保洁员定时定点收集，或者自行将垃圾倒往就近垃圾收集池，村中统一将垃圾池的垃圾周转至垃圾中转房。乡（镇）里统一定期对垃圾中转房的垃圾予以清理处理。每村根据人口配备数名保洁员，定期对村中街道予以清扫。村保洁员的工资和垃圾清扫清运工具的购置由农户集资支付，其他设施则由不同层次管理部门分层支付。

二 样本特征

被调查农户的基本统计特征如表3-1所示。女性略多于男性，占61.76%；农户以中年人为主，年龄分布在18—60岁的农户占调查总体的63.66%；受教育程度以小学和初中文化为主，分别占42.04%和29.93%，高中及以上的仅占19%；家庭结构方面，以4—6人的中小型家庭为主，占63.42%；一年中在本村居住超过半年（180天）的占75.77%。

表3-1 调查农户的基本特征

统计特征	分类指标	样本量	比例（%）	统计特征	分类指标	样本量	比例（%）
性别	男	161	38.24	年龄（岁）	18—30	6	1.43
	女	260	61.76		31—45	138	32.78
家庭规模	3人及以下	62	14.73		46—60	124	29.45
	4—6人	267	63.42		61及以上	153	36.34
	7—9人	72	17.10				
	9人以上	20	4.75				
受教育程度	文盲	38	9.03	家庭年人均收入（元）	0—9999	55	13.06
	小学	177	42.04		10000—11999	79	18.76
	初中	126	29.93		12000—13999	136	32.31
	高中	43	10.21		14000—15999	96	22.81
	大专及以上	37	8.79		16000及以上	55	13.06
在本村年居住时间（天/年）	0—89	43	10.21	人口密度（人/平方千米）	0—399=1	—	12.11
	90—179	59	14.02		300—799=2	—	53.92
	180—269	106	25.18		800及以上=3	—	33.97
	270—365	213	50.59				

三 生活垃圾集中处理的目标与运作模式

农村生活垃圾集中处理主要以改善农村居民生活环境为目标，

有效实行"户收集、村集中、镇转运、县处理"的四级垃圾收运处理机制,从而全面提升农村人居环境,为加快"美丽家园、清洁城乡"建设步伐,推进农村居民的生态文明建设打下坚实基础。

第一,进行户收集。农户门前实行"三包",每天负责打扫清洁,并将生活垃圾(不包括建筑垃圾和秸秆等农业生产垃圾)放入垃圾箱(桶),每天投放到村中固定的垃圾投放点。

第二,进行村集中。村级环卫保洁人员负责本村道路两侧和公共区域的卫生保洁,并负责将村庄中垃圾投放点的垃圾收集清运至本村指定垃圾堆放点。同时,在保证安全的情况下,推动"农户分类减量、就地消化处理"的垃圾分流处理体系,推广以户用焚烧池为主体的垃圾收集处理设施。

第三,进行镇转运。镇级环卫队伍负责镇区内保洁清运工作,并到镇(街道)内各村指定垃圾堆放点,把生活垃圾收集运输至镇(街道)中转站压缩处理。

第四,开展县处理。原则上,市区周边附近镇(约30千米以内)压缩后的生活垃圾收集运输至市垃圾填埋场进行无害化处理,其他距市区路途较远的镇在未就近联合选址建设垃圾无害化填埋场之前,在基本符合标准的情况下,可暂时通过简易填埋、就地焚烧等灵活多样方式处置垃圾。

四 供给数量和质量

(一)供给数量

实地调研数据显示:由农户合作建设的农村生活垃圾集中处理设施仅占6%;政府出资,农户出力的占15%,主要集中于村内垃圾池修建;政府完全出资建设的占到79%(见图3-3)。现阶段政府出资仍然是农村生活垃圾处理设施的主要资金来源,尤其是在垃圾的"镇转运"和"县处理"阶段,均全部由政府出资。农户合作建设在设施投资者类型中仅占一小部分。由于农村生活垃圾处理基础设施的建设需要大量资金,然而农民的年收入不高,这成为制约农户合作建设的主要因素。此外，大部分农民的环保意识薄弱，对公共区域的环境卫生漠不关心，"各人自扫门前雪，莫管他人瓦上霜"的现象严重。农户发现身边"搭便车"现象时，并不去阻止同时还会心生抱怨，这种思想认识的不足，也是制约农户合作建设的重要因素。

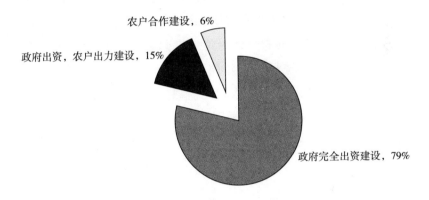

图 3-3 农村生活垃圾处理设施投资者类型统计

（二）供给质量

调查中，当问及"您对现有生活垃圾处理服务的满意度如何？"时，仅有 6.89% 的农户对垃圾处理服务非常满意，13.06% 的农户对垃圾处理的服务比较满意，28.98% 的农户认为垃圾处理服务一般，46.08% 的农户对当前垃圾处理的服务比较不满意，4.99% 的农户对当前处理服务非常不满意。而且，越是农户筹资合作供给的村中，农户对垃圾处理服务的满意度越是偏低。现有政府投入主要用于垃圾基础设施的建设，重建设、轻管理的现象比较普遍，在日常中农村垃圾处理供给质量并不高。农村生活垃圾设施建成运行后，日常清扫服务及垃圾周转需要大量的人力和物力成本，如果资金保证不了，将会明显影响清运工对垃圾的清扫和周转。而农户如果出资后又看不到成效，更容易对"高投入，低回报"的合作失去耐心，对设施的维护意识也逐渐降低，最终导致农村生活垃圾处理的质量难以保证。

五　农户合作共建动因

在此次调研中，为调查农户参与合作的主要动因，共设置了四个选项，分别是"跟随周围人""美化环境""响应政府"和"信任发起人"。统计数据表明，有66.98%的农户愿意合作共建是因为垃圾处理设施能够美化环境；有20.19%的农户愿意合作是因为响应政府号召；10.93%的农户认为信赖发起者是他们愿意合作的原因；值得注意的是，选择"跟随周围人"的农户仅占1.90%（见图3－4）。由此可见，大部分农户之所以选择合作是他们已经意识到生活垃圾的随意排放会造成周围环境的污染。因此，改善环境成为农户愿意参与的主要驱动力。

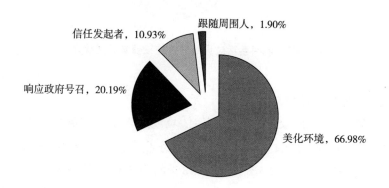

图3－4　农户合作参与农村生活垃圾处理的原因

六　农户合作方式与成本分摊

通过"出资""出力"和"既出资又出力"作为问题选项调查农户在生活垃圾集中处理合作供给中乐意的参与方式。调研数据显示，有26.60%的农户愿意以出资的方式进行生活垃圾处理设施的合作建设，30.17%的农户愿意选择通过出力来参与合作共建，43.23%的农户愿意选择既出资又出力。农户选择出力的背后动因，一方面源于调研农户整体年龄偏大，务农有出力的习惯；另一方面是收入水平偏低。而两种方式兼有的形式，既避免了过高的经济成本，也能在生活垃圾处理建设过程中提高农户的合作意识与参与水平，由此来保证生活垃圾处理设施合作供给的质量。调研中，我们把垃圾集中处理分为三个阶段：基础设施建设、日常清理转运和终端集中处理。超过60%的农户认为，基础设施建设和终端集中处理花费大，应该由政府投资建设。而农户集资应主要用于日常生活垃圾的清理与维护，包括配置垃圾桶、垃圾袋，清洁人员的工资，清扫工具等；在成本分摊方式的调查中，大部分选择按户收和按人头收，其中按户收的比例占45.61%，略高于按人头收（占42.28%）；在征收方式的问题选项中，凡是有集体经济收入的村庄，农户均选择了从农户的福利中扣除这一选项，而剩下的多数农户认为随电费捆绑征收会更为顺利。在筹资金额的调查中，41.81%的农户选择了每月按人头2—3元的选项，30.89%的农户选择了每月按人头0—1元的选项，选择5元及以上的不足5%。显然，现阶段农户经济收入水平是影响其参与生活垃圾处理合作方式和成本分摊的主要因素。大部分农户更愿意在垃圾的日常清理维护阶段参与合作，以既出资又出力的方式进行筹资，成本分摊以从农户福利中扣除或随电费捆绑征收的方式进行，金额为每月每人不超过5元。

七 农户意见协商方式

奥尔森在《集体行动的逻辑》一书中指出，一个集团集体行动的实现过程中成员间意见的协商至关重要，认为单纯的有理性的、寻求自我利益的个体是不会参与集体行动的。因此，有效的意见协商机制是走出合作困境的重要方式。在此次调研中，选取"由村干部讨论决定"、"一事一议""村民大会""村中有威望的人协调"和"其他"作为农户意见协商的方式。有83.37%的农户选择了由村干部讨论决定，11.40%的农户选择了村民大会的协商方式，

1.66%的农户选择"一事一议", 3.08%的农户选择村中有威望的人协调, 0.49%选择其他。中央政府在2000年提出村庄"一事一议"的决策制度, 在此次调查中, 大部分农户反馈对"一事一议"的参与程度较低。目前, 村庄集体行动仍然采用干部包办形式, 在生活垃圾的集中处理上基层民主参与意识并不强。

八 农户支付金额

在实地调研中发现, 各个村庄的生活垃圾集中处理筹资主要用于维持垃圾的日常清理维护阶段, 很少用于基础设施建设和垃圾终端处理。各村筹资的情况和金额不尽相同。有些村庄按年收, 每人10—60元不等; 有的按月收, 每人1—5元; 从集体农户福利中扣除的村庄则按年按户收取, 金额相对较多, 每年每户100—300元。对比农户的支付意愿可以看出, 在开展生活垃圾集中处理筹资的村庄中, 筹资过程中农户实际支付的金额与其支付的意愿大体持平。尽管超过80%的农户愿意为垃圾处理筹资, 但是当涉及支付的具体金额时, 大部分农户愿意支付的额度却并不高。他们认为, 生活垃圾集中处理的基础设施建设和垃圾终端处理应由政府来出资建设, 农户筹资只要能解决日常清理维护阶段发生的费用就已经尽力了, 如果政府不能解决终端的垃圾处理, 可以将垃圾运至离村庄较远的坑塘予以填埋处理。

第六节　农村生活垃圾集中处理
存在的主要问题

垃圾集中处理作为一项公共产品, 长期以来主要由政府提供。伴随着近年来农村生活垃圾总量不断攀升, 作为垃圾处理供给服务主体的政府, 其财政压力不断增大。与此同时, 新农村建设不断推进, 改善农村人居环境的呼声不断高涨。农村生活垃圾处理服务供给不足成为基层政府的一大困扰。

一　政府供给能力较低，基础设施建设落后

自取消农业税以来，我国步入了后农业税时代。由于财权上移，事权下移，乡镇政府不再拥有征收农业税费的权力，丧失了增收渠道，财政基础越发薄弱，进一步导致乡镇政府作为公共产品供给主体的物质基础缺乏。而当前我国农村经济生活水平相比城市仍较低，大多数村级组织无法自己负担生活垃圾集中处理费用。乡镇政府作为农村生活垃圾供给服务的主体，仅靠上级拨划资金或财政转移支付，无法填补本地公共服务缺口。虽然近五年来，国家逐年加大了农村环境治理方面的资金投入力度，但由于我国行政村数众多，能够拿到国家环境治理资金补贴的村镇不足总数的10%，对于满足农村生活垃圾集中处理的需求来说仍是杯水车薪。

伴随我国经济的增长，农村生活水平较之前已有了较大提高，生活垃圾数量也随之不断增长，目前我国农村每人每天约产生0.92千克生活垃圾，每年排放总量达到3亿吨（蒋晓琴，2015），对农村全部生活垃圾进行集中处理的费用将会十分高昂，经济欠发达地区在财政支出方面存在较大缺口，无法满足垃圾处理需求。同时在北方多地，县、乡镇（街道）一级政府的精力多放在招商引资，发展经济方面，对于农村生活垃圾集中处理的关注度较低，因而政策资金投入力度较小。村庄本身由于经济发展程度参差不齐，多数无法自负生活垃圾集中处理经费。况且当前多数农村地区生活垃圾集中处理设备缺失，前期设备建设投入较大，迫于财政压力，部分地区一再放缓生活垃圾集中处理的步伐。

同时，由于城乡二元制供给体制依然存在，在多数地区，城市环卫系统较为健全，相关部门执法检查力度较大，但城市环卫系统并未辐射到周边乡村范围，县（区）一级环卫及执法部门在工作中也往往忽略了农村地区。上述多种原因导致农村地区无法享受和城市同等的环境卫生服务供给水平，部分地区还存在重行政规划，轻

实际运行的现象。虽然在县（区）行政规划下，乡镇政府被迫设立垃圾堆放池等一些设施，但由于后续资金严重缺乏，垃圾处理设施无力维持运行，沦为应付上级检查的工具。村内垃圾处理设备完好，农户仍随意倾倒垃圾现象并不罕见。部分经济状况较好的城乡接合部、城郊村虽然建立起了垃圾堆放点以及转运点等配套设备，但由于转运点设立时缺乏综合规划分析，垃圾堆放点与转运点选址不合理，造成部分后续建立的堆放点与转运点之间距离较远，增加了两点之间的运输成本。或在垃圾处理设备选址时仅考虑便捷、成本等因素，造成转运点与居民生活区距离过近、缺乏合理防护，导致臭气、臭水污染影响居民生活。此外，由于资金、监督等不到位的原因，部分垃圾池周转速度过慢，使垃圾池又成为新的污染源。

与此同时，由于后农业税时代，乡镇政府"有事权无财权"，部分乡镇政府产生不作为思想。从农村公共产品积极主动的提供者，逐步因循守旧，进而导致农民对乡镇政府的信任度进一步降低，政府权威形象逐步丧失。财权和权威的双重减弱，导致部分乡镇政府在农村生活垃圾处理服务提供中，既缺乏行动力又缺乏控制力，难以发挥作用。

二 村社民间组织供给能力弱，无法提供协作

文森特·奥斯特罗姆认为，除政府公共部门之外，社会其他部门和力量也可以提供公共产品和服务。在生活垃圾集中处理这类公共产品的供给过程中，除政府外，村社民间组织也应积极参与，在供给服务中提供协作。不同于职业培训、保险业务等产品具有较高的盈利可能性，市场会主动参与到该类产品的供给中去，农村生活垃圾处理是一类供给范围较小且供给类型较为单一的公共产品，作为服务的提供者很难获得盈利，市场主动参与热情较低。

农村内部存在大量的合作组织，组织内部的农民因为相同的利益驱使联合起来，共享市场信息、农业技术、大型机械等产品，在

农村公共产品提供方面起到了重要作用。该类合作组织在村庄公共产品服务提供方面往往起到了协作政府供给的重要作用。但伴随城镇化进程的推进，我国农村"空心村"问题越来越普遍，村庄内的青壮年、头脑精明、受教育程度较高的村庄精英流向城市。更多村庄精英选择定居城市，尚未定居城市的往往也极少回村，对村内事务的参与度极低。村庄人员多为留守老人和儿童，呈现弱质化趋势，原本由村内精英共同经营支撑的村内合作组织变为弱者相互帮扶的联盟，这在很大程度上削弱了农户合作组织发挥作用的能力，使多数农户合作组织无暇顾及农村生活垃圾集中处理，或尚无余力参与到垃圾处理服务的提供中来，导致在生活垃圾处理服务的供给中始终缺乏该类合作组织的身影。

同时，由于农户合作组织只是在工商部门进行了简单登记，并不具有独立法人地位，因而不具备面向社会融资或者向银行等金融机构进行贷款的资质，导致农户合作组织只能在组织内部募集资金，缺乏其他资金筹措渠道。而面对当前农村生活垃圾供给服务严重不足的现状，该类合作组织即使有心提供协作服务，也往往由于可利用资源缺乏而力不从心。同时由于农户合作组织自身限制，更倾向于为其组织成员提供服务，而对受益范围更为广泛的农村生活垃圾处理服务则积极性不高，这也成为限制农户合作组织参与生活垃圾处理服务提供中的壁垒。与此同时，农户合作组织作为协作供给方时，其经济实力较弱，若组织内部农户出现收益减少等情况时，往往无法继续供给服务。乡镇政府作为农村生活垃圾处理服务供给的主体，对农户合作组织的协作作用认识不足，相关政策扶持和资金扶持缺位，导致农户合作组织在农村生活垃圾处理服务供给方面活跃度始终较低。

三　村民委员会控制力减弱，农户环保意识缺乏

村民委员会是农户自治的主体，理应是村庄开展生活垃圾集中处理服务的组织者。在农业税时期，村干部拥有征收钱粮税费的职

责，在村庄当中拥有较高权威。同时，村干部工资主要从农户缴纳的"两金一费"（公积金、公益金、管理费）中来。换言之，村干部主要由农户供养，村委会对于推动村内公共产品供给具有较高热情。然而后农业税时代，村干部工资主要由国家财政转移支付，具有了一定的行政化色彩，从"管理者"更多地转变为"服务者"角色，村干部在村内公共产品推进方面缺乏内在动力。

"一事一议"的村内事务处理流程，表面看增加了农户事务的民主性，但是由于我国几千年来农民以家庭为单位的分散经营，农民小农意识和机会主义心理较强，人与人之间的离散性越来越大，在"一事一议"过程中能够直接利己的议程更容易推进，诸如生活垃圾处理这类一般性公共产品往往会陷入推进困境。与此同时，农户不再需要缴纳税费，无须受到村干部管制，导致村干部在处理村内公共事务时，即使有心，也因为实质上的控制力减弱，难以充当"领头羊"。以上种种原因，导致村委会作为农户自治主体在农村生活垃圾处理服务供给方面，始终无法发挥较大作用。

与此同时，较之于城市居民，农村居民文化水平普遍偏低，环保意识缺乏。多数人仍延续将垃圾丢弃在田间地头的旧习，缺乏垃圾定点堆放的意识，垃圾分类处理、分类丢弃的意识则更为缺乏，农户对垃圾分类最大的动力源于垃圾中可以变卖的部分。然而由于当前农民收入的上升、消费模式不断城镇化，农村生活垃圾数量不断增加，构成种类和成分也逐渐复杂化，以往的露天堆积、焚烧或简单填埋等方式不能适应新的垃圾处理要求。垃圾分类处理势在必行，而作为垃圾产生的源头，农户由于环保意识缺乏并不会对垃圾进行主动分类。尽管在垃圾丢弃过程中，部分农民仍会将书、报纸、包装盒等纸质垃圾，以及塑料瓶、玻璃瓶、废铁等具有售卖价值的垃圾进行简单收集，出售给垃圾收购者以获利，但逐渐富裕的农民对分类变卖垃圾的动力也越来越不足。对于可降解垃圾与不可降解垃圾分离、可回收垃圾与不可回收垃圾分类等垃圾处理手段更是缺乏关注和主动参与的意识。同时，我国各地也缺乏相应的法律法规、行政规章、奖惩机制等强制手段约束农户对垃圾进行定点丢弃、分类处理。与此同时，垃圾分类处理过程中，通过对多数有机物垃圾进行肥料化处理或饲料化处理可使农民直接获益。然而，农户委员会、农户自治组织无法在该类服务提供方面发挥主导作用，而农户作为个体缺乏购置相应设备的财力，或者大规模的使用化肥以及农民土地的流转，使他们已不再需要花费力气去获得这些肥料，导致农户在垃圾分类处理方面的参与度较低。

四　市场化程度低，相关技术推广难度大

在我国农村生活垃圾处理服务的供给中，当前供给主体仍旧是政府，但政府供给的低效率和高成本再加上城乡二元化的管理体制约束，导致农村生活垃圾处理服务不足的现状仍旧没有较大改观。这其中的原因除政府对于农村生活垃圾集中处理方面重视度仍旧不足，财政及政策扶持力度均有缺失以外，还有市场在垃圾集中处理方面参与度过低这一因素。尽管当前政府正在积极尝试以市场的方式介入农村生活垃圾的集中处理，也探索出诸如 EPC、BOT、TOT、BT 等几种运营模式，但这几种模式主要针对的是垃圾处理终端的建设和运营，项目本身对垃圾处理的规模有一定的要求，同时大部分项目仅仅处于起步阶段，其自身投产的效益仍有待进一步观察。

市场主动参与农村生活垃圾处理的积极性不高的主要因素：一是政府自身的因素。政府对市场参与的倡导力度不足，环卫等相关部门作为生活垃圾处理服务的主要供给者，对市场参与的重要性认识不足。而农村生活垃圾处理作为一项公共产品，其具有较强的外部性。市场在提供该类产品时，往往是作为政府的"供应商"。意即政府通过签订合同等手段，将该类产品的服务供应外包给市场，委托相应的机构完成该项服务的供应，政府自身仅需承担监督、验收等职责。当市场作为公共产品的供应商时，为了满足获益需求，会自发提高投资效率、引进先进技术。市场供应、政府监督的"公私合营"模式能更好地提高农村生活垃圾处理等服务的供给效率和

供给质量。然而当前我国的运作模式仍为"大政府"模式，市场化运作的观念尚未深入人心。二是市场因素。此类项目的政策性很强，"公私合营"模式推广缺失相关的制度设计，导致项目效益不易评估。同时，部分有心参与到服务提供中的厂商、机构又缺乏相应的途径。政府对于市场参与的积极性较低，也进一步导致了"公私合营"模式推广的困难。由于上述原因，市场在农村生活垃圾集中处理方面参与热情较低。与此同时，由于农民对生活垃圾中的废纸及包装瓶、罐等进行初步收集贩卖，降低了生活垃圾价值，更进一步减少了市场上一些小型工厂或组织将农村生活垃圾作为生产原材料等的获益可能性。此外，由于我国生活垃圾集中处理方面起步较晚，当前可用于推广的垃圾集中处理手段较少，技术也较为落后，对于农村生活垃圾如何变废为宝的相关研究还处于起步阶段。在垃圾收集、转运、集中处理的全套环节中，没有成熟的技术手段作支持。虽然存在秸秆发电、垃圾肥料化处理、垃圾饲料化处理等一些成果，但是诸如生物技术综合利用方法等更多更有效的科研成果转化率极低，在现实中进行普及应用难以降低成本，导致推广难度较大。市场缺乏从生活垃圾中获益的科技手段，减少了市场作为第三方主体从农村生活垃圾处理中获益的可能性，因此市场始终缺乏参与农村生活垃圾处理的积极性。

第七节　本章小结

农村生活垃圾集中处理是农村环境综合整治的重要内容，也是美丽乡村实现的先决条件。尽管国家近年来持续加大对农村公共产品的财政支持力度，但是仍有超过一半的农村地区的生活垃圾依然处于随意排放状态。同时，在开展生活垃圾集中处理的农村地区也存在明显的地区差异，经济发展水平好的东部地区开展生活垃圾集中处理较早，中部地区和东北地区其次，西部地区则相对滞后。农村生活垃圾集中处理属于公共产品，理应由政府供给，但是农村居民作为直接的受益者，参与生活垃圾集中处理的合作供给可以有效缓解供给不足的现状。调研数据显示，农户全阶段参与合作供给的意愿较强，但是支付金额并不高。他们更愿意参与垃圾的清理转运阶段的合作供给，在生活垃圾集中处理的合作供给中，农户支付金额与其支付意愿大体持平。

农村生活垃圾集中处理的合作供给正处于起步阶段，需要一定时期去适应和探索，同时对于农户也是个逐渐接受的过程。显然，以目前农户的经济收入水平维持生活垃圾集中处理的全阶段合作供给并不现实，农户不仅没有合作的能力，合作的意愿也不强。而将农户平时看得见、感觉得到的，而且运营费用相对较低的清理转运阶段作为合作供给的目标更加贴合实际。

第四章　农村生活垃圾集中处理
农户合作困境分析

农村生活垃圾的集中处理需要整合农户的意愿与行为，然而面临转型期社会急剧变化的现实，农户由于受个体偏好差异、城市化进程加剧农户二重身份转换困难以及收入差距不断扩大的影响，集体行动困难重重。本章主要从农户意愿与行为悖离的视角，考察导致农村生活垃圾集中处理集体行动的表层直接因素、中层与深层间接因素，剖析形成集体行动困境的内在机理，为破除集体行动困境找出可行的实施路径。

第一节　农村生活垃圾集中处理
农户合作困境

农村生活垃圾的集中处理，属于典型的公共产品供给。然而，长期以来，这种公共产品处于短缺状态。

首先，国家经济发展水平的低下以及城乡二元供给体制的存在，导致在多数地区城市环卫系统较为健全，相关部门执法检查力度较大，但城市环卫系统并未辐射到周边乡村范围，大部分农村地区的环境公共产品的供给并未受到足够的重视。县（区）一级环卫及执法部门在工作中也往往忽略了农村地区。尽管近几年国家加大了对农村环境综合整治的投资力度，但大量相关公共设施的建设使得经费的投入捉襟见肘。目前的情况是我国农村聚居点相关公共设施建设严重滞后，资金短缺已成为农村生活垃圾集中处理过程中面临的最大问题。

其次，农户的环保意识并没有随着生活水平的提高得到相应提升。随着经济的发展，农村排放生活垃圾的成分已经发生了很大变化，然而大部分农户却并没有意识到，或者并没有真正重视起来，还停留在生活垃圾随意排放的状态。在这种农户建设主体意识薄弱的状态下，农户很难有足够的动力去参与生活垃圾集中处理的合作供给。

最后，随着农业税费的改革，基层政府的财政经费不足，现阶段仅仅单纯依靠政府投入从根本上解决农村垃圾处理经费短缺并不现实。按照市场经济发展中的"污染者付费"原则，作为生活垃圾污染主体的农户应该参与其中。近些年"财政拨一点，集体出一点，农民筹一点"的农村生活垃圾集中处理筹资模式正逐步被推广，但在筹资过程中农户对筹资的反应却表现得参差不齐。

实践中农户的合作意愿和合作行为是生活垃圾集中处理合作供给成功的关键因素。同时，二者又受到诸多外在因素的影响。以往在垃圾处理收费研究方面也进行了这方面的探讨。雷斯科夫斯基和斯通（Reschovsky and Stone，1994）认为，由于没有可行性的成本测定技术，垃圾按量收费缺乏科学依据，只能依赖于民众对收费政策的认知和感受。梅西克和巴泽曼（Messick and Bazerman，1996）等研究也发现，在环境问题上公众存在一种"态度/行动差距"，人们普遍认为环境保护十分重要，同时却从事着环境破坏的行为，在环境保护意愿和行为上存在一定程度的悖离。国内关于农村生活垃圾集中处理中对农户筹资的研究主要集中于农户的支付意愿方面（邓俊森，2012；邹彦和姜志德，2010；戴晓霞，2010；吴建，2012）。叶春辉（2007）研究了农村垃圾处理服务供给的决定因素；邓正华等（2013）从农户认知和行为响应两个方面对农村生活环境的整治进行了研究，但对两者之间的关系，并未做进一步的实证分析，对农村生活垃圾集中处理筹资过程中农户支付行为与支付意愿之间关系的研究尚没有达成一致性的结论。从本质上来说，农户参与合作供给的效果最终反映在农户的支付意愿和支付行为上，农户有支付意愿而没有支付行为，最终合作难以达成；如果农户有支付行为但支付意愿并不高，这种合作也难以长久。因此，发掘农户在合作供给中的支付意愿与支付行为背后的影响因素，探求背后的原因机制，对于破解农村生活垃圾集中处理合作供给的困境具有重要的意义。

第二节　农户合作意愿与合作行为分析

一　农户合作意愿分析

调查数据表明，421 名农户中，有 81.00% 的被调查农户愿意进行生活垃圾处理合作建设。同时，仍有 19.00% 的农户不愿意合作（见图 4-1）。在有意愿参加合作供给的农户中，大部分（69.21%）愿意参加合作供给的原因来自他们认为生活垃圾集中处理能够美化环境；部分农户（20.23%）是响应政府号召；选择"信任发起者"和"跟随周围人"的农户占比不到 11%。显然，有合作意愿的农户主要来源于自身的环境认知。农户不愿参加合作供给的原因比较分散，其中 28.74% 的农户选择了"收入低，没有钱"，33.73% 的农

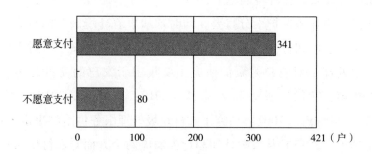

图 4-1　农村生活垃圾集中处理农户支付意愿统计

户选择了"涉及公平，不好处理"，23.75％的农户选择了"不信任发起者，交钱也不见得有效果"，剩下少数农户选择了"没必要"。由此可以看出，影响农户合作意愿的因素比较复杂，既有自身经济条件的因素，同时又有社会认知和周围环境的影响。

二　农户合作行为分析

调研结果显示，共有285名农户在生活垃圾集中处理合作供给中有支付行为，占调研样本的67.69％（见图4-2）。在对无支付行为的农户进行原因调查时发现，农户中未参加合作供给的原因也比较分散，占比最大的是"弄不清收费的依据"，占46.32％；其次是收入低，没有钱，占21.33％；对发起者不信任占15.44％；认为交费也不会有效果占13.97％；交不交都一样占2.94％。值得提出的是，不交费农户中占比最大的原因不是收入低，而是对收费的依据提出质疑，说明在筹资之前与农户进行充分的信息交流和公开对筹资效果具有重要影响。此外，部分农户存在"搭便车"的心理，认为交不交都是一个样，也有对合作供给效果持有怀疑态度的原因。

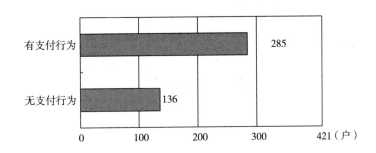

图4-2　农村生活垃圾集中处理农户支付行为统计

三　意愿与行为的悖离分析

农村生活垃圾集中处理合作供给的困境主要由农户不愿意参与的原因以及愿意参与但最终没有支付行为来衡量。前文已对占样本总数19.00％的农户不愿参与合作的原因进行了剖析，指出影响其支付意愿的因素既有自身的经济条件（收入低，没有钱），也有对社会环境的认知（涉及公平，不好处理），同时还有对合作供给效果的怀疑和"搭便车"的动机。一般情况下，只要不是强迫，农户的意愿和行为应该是一致的，他们有权利决定自己是否参与合作供给。而在实地调研中发现，样本中40.38%的农户在支付意愿和支付行为上表现出很大的不一致性。一种情况是部分农户有支付意愿，但由于种种原因最终却没有支付行为（占总样本的26.84%）；另一种情况是部分农户并不具有支付意愿而最终表现出支付行为（占总样本的13.54%）。就有支付意愿而没有支付行为的农户来说，支付行为的失败原因体现在合作供给的发起过程中。这其中包括发起者筹资额度高而农户自身经济水平难以承受；农户对发起者的不信任导致对处理效果预期的降低；农户普遍具有从众的心理，周围人是否筹资等均会影响到最后的支付行为，造成悖离。而对于没有支付意愿却有支付行为的农户来说，周围人的影响、发起者的威望和带头，以及对筹资额度的感受均会导致其"回心转意"，最终表现为支付行为。厘清悖离背后的影响因素和作用机制对于合作供给的长久维持具有重要的意义。

第三节　支付意愿与支付行为悖离的理论模型构建

一　变量选取

本书垃圾集中处理费用专指农户集资支付的部分，主要用于保洁员的工资和垃圾清扫清运工具的购置。已有研究显示，环境保护支付意愿主要受个体因素、家庭因素、农户认知因素、环境知识等的影响（梁爽等，2005；蔡志坚和张巍巍，2007；杨宝路和邹骥，2009；王绪龙等，2013；Poudel，2009；Afroz R. et al.，2009；

Kotchen et al. , 2009）。本书参考已有研究中关于农户在环境保护支付意愿和支付行为中影响显著的因素，选取农户个人特征、农户认知和环境影响三大类 14 个影响因素进行调查研究。

通过实地调研发现，农户支付行为和支付意愿的悖离主要可以分为两类：（1）有支付意愿与没支付行为的悖离。这类悖离，从农户个体特征上分析，更可能是个体收入偏低使其没有能力支付，最终导致没有支付行为；从农户认知的角度分析，可能是担心别人"搭便车"自己吃亏，也可能认为筹资额度超过自己的预期，或者是对垃圾处理的效果提出质疑；从周围环境的影响分析，若周围人都没交费，由于顾忌周围人影响，农户变为一种迫于无奈的从众。（2）不具有支付意愿而最终表现出支付行为的悖离。这类悖离，更多的是个人认知上受从众心理的影响，或者"熟人社会"的环境约束等。基于以上分析，选取以下三大类共 14 个自变量，即农户个人特征（性别、年龄、健康状况、受教育程度、年家庭人均纯收入、在本村年居住时间）、农户认知（现有生活垃圾的排放是否对生活产生影响、生活垃圾集中处理对环境改善效果、垃圾处理筹资额度的高低）和环境影响［包括地区因素（村生活区人口密度、村是否有乡镇企业）、社会网络（村干部、亲戚、朋友等是否支付）和社会制度（村中是否有垃圾收运及保洁管理考核制度，若农户随意倾倒垃圾是否会有人监管）三类］。因变量选择了农户对农村生活垃圾集中处理支付意愿与支付行为的悖离，其变量定义、统计性描述及其预期作用方向见表 4 - 1。

（一）农户个人特征

反映农户个人基本特征的变量包括农户的年龄、性别、年家庭人均纯收入和受教育程度。农户个人特征是农户支付意愿与行为的基础。一般情况下，个人对环境保护关注度越高，支付意愿与支付行为越不容易发生悖离。与男性相比，在意愿上女性更倾向于保护生活环境，愿意为保护环境付费（洪大用和肖晨阳，2007）。但是，中国传统农村的"男主外，女主内"观念可能最终影响女性的支付行为。

表 4 – 1   **变量说明和统计性描述**

变量名称		变量代码	变量定义	均值	标准差	预期作用方向
因变量						
农户对农村生活垃圾集中处理支付意愿		y_1	愿意支付 = 1，不愿意支付 = 0	—	—	—
农户对农村生活垃圾集中处理支付行为		y_2	支付 = 1，未支付 = 0	—	—	—
支付行为与意愿的悖离（$\lvert y_1 - y_2\rvert$）		y	悖离 = 1，未悖离 = 0	0.404	0.491	—
自变量						
农户个人特征	性别	x_1	男 = 1，女 = 0	0.382	0.487	不明确
	年龄	x_2	18—30 岁 = 1，31—45 岁 = 2，46—60 岁 = 3，61—75 岁 = 4，76 岁及以上 = 5	3.019	0.886	+
	健康状况	x_3	健康 = 1，患有慢性病 = 0	0.848	0.359	+
	受教育程度	x_4	文盲 = 1，小学 = 2，初中 = 3，高中或中专或技校 = 4，大专及以上 = 5	2.677	1.065	—
	年家庭人均纯收入(元)	x_5	0—9999 = 1，10000—11999 = 2，12000—13999 = 3，14000—15999 = 4，16000 以上 = 5	3.040	1.209	—
	在本村年居住时间	x_6	0—89 天 = 1，90—179 天 = 2，180—269 天 = 3，270—365 天 = 4	3.162	1.015	+
农户认知	现有生活垃圾的排放是否对生活产生影响	x_7	是 = 1，否 = 0	0.703	0.457	不明确
	生活垃圾集中处理对环境改善效果	x_8	非常差 = 1，差 = 2，比较好 = 3，好 = 4，非常好 = 5	3.580	0.840	不明确

续表

变量名称		变量代码	变量定义	均值	标准差	预期作用方向
农户认知	垃圾处理筹资额度的高低	x_9	非常高=1，比较高=2，合理=3，比较低=4，非常低=5	3.078	0.991	-
环境影响	地区因素｜村生活区人口密度（人/平方千米）	x_{10}	0—399=1，400—799=2，800及以上=3	2.219	0.643	+
	地区因素｜村是否有乡镇企业	x_{11}	有=1，无=0	0.755	0.430	不明确
	社会网络｜村干部、亲戚、朋友等是否支付	x_{12}	交费=1，未交费=0	0.741	0.438	不明确
	制度因素｜村中是否有垃圾收运及保洁管理考核制度	x_{13}	有=1，无=0	0.325	0.469	-
	制度因素｜若农户随意倾倒垃圾是否会有人监管	x_{14}	有=1，无=0	0.477	0.500	-

注：村干部、亲戚、朋友等是否支付按以下方式统计，让农户分别说出村中对他们最有影响的3名干部、关系最近的3名亲戚和关系最好的3名朋友，统计出这9名农户的支付行为，如果支付者大于4名，则认为支付，取值为1；如果小于等于4名则认为未支付，取值为0。

同理，男性比女性有更强的支付能力却有更低的支付意愿。性别对悖离的预期作用方向尚不明确。在年龄变量上，农民年龄越大对环境保护的意识越淡薄，支付意愿越弱（王舒娟，2014）；年龄越大，受中国传统农村"熟人社会"的影响更强，从众心理表现得更明显（贺雪峰，2004）。当农户均交费时，有时尽管不具有支付意愿，但既然大家都交了，自己也就交，从而导致悖离的发生。预期年龄对悖离的作用方向为正。居民的健康状况会影响其对环境改善的最大支付意愿（蔡春光和郑晓瑛，2007）。患有或曾经患过慢性疾病的居民会对环境的改变更加敏感，因此其支付意愿与支付行为可能更趋于一致，预期健康状况对悖离为正向作用。农户受教育程度越低，一般对环境保护的意识也越弱，同时从众心理越强。因此，预期受教育程度对悖离产生负向作用。蔡春光等在对北京市空气污染健康损失的支付意愿研究中发现，经济因素是影响居民改善环境支付意愿的最重要因素。随着农户年家庭人均纯收入增加，支付意愿与支付能力均有加强的趋势。同时，农户家庭收入越高，在村中影响力越强，越关注自己的形象，支付意愿与支付行为发生悖离的可能性会变小。因此，本书预期年家庭人均纯收入对悖离为负向作用。农户在本村年居住时间越短，受"熟人社会"的约束越少，在支付意愿和支付行为上表现得应会更加一致。因此，预期农户在本村年居住时间对悖离为正向作用。

（二）农户认知

行为经济学认为，认知决定行为主体的态度或看法，进而影响其选择行为。王锋等（2009）证实了认知的缺失和错位会影响行为主体的支付意愿。农户之所以对垃圾集中处理筹资具有支付意愿，是因为他们认为垃圾现状对生活产生了一定的影响，同时集中处理生活垃圾对环境改善有效果。选取现有生活垃圾排效是否对生活产生影响、生活垃圾集中处理对环境改善效果和垃圾处理筹资额度的高低来反映农户认知情况。前两者是农户是否具有支付意愿的前提，但是否引起支付意愿与支付行为的悖离尚不明确。农户认为生活垃圾集中处理筹资额度越高，支付行为发生的可能性越小，支付意愿与支付行为越容易悖离。预期农户对垃圾处理筹资额度高低的感知对悖离产生负向作用。

（三）环境影响

一是地区因素。选取"村生活区人口密度"和"村是否有乡镇企业"来反映地区因素。人口密度是反映人口空间集聚状况的指标。一方面村生活区人口密度越大，垃圾产生总量越多，造成环境污染程度越重，从而增强农户的支付意愿；另一方面，农户之间彼此熟悉程度随着人口密度增大也会逐渐降低，在垃圾集中处理中"搭便车"现象会增多，农户有支付意愿而无支付行为的悖离可能性会越大。因此，预期居民密度对悖离为负向作用。乡镇企业是中国改革开放后为了促进地方经济发展而出现的一种新兴经济形式，由于其技术含量较低，实际上大部分乡镇企业是以牺牲环境为代价的粗放式经营，在生产过程中会排放大量的废水和废气。农户对农村生活垃圾污染与废水、废气污染的感受对比，成为是否具有支付意愿和支付行为的重要因素。同时，乡镇企业可以提高村集体经济能力，在垃圾集中处理中农户自身的支付意愿也会受到一定程度的影响。乡镇企业作为一个组织会提高在其内部工作的农户的纪律素质和观念素质，这又可能提高农户的支付意愿和支付行为。因此，其具体作用方向尚不明确。二是社会网络。选取"村干部、亲戚、朋友等是否支付"来反映社会网络对农户支付意愿与支付行为的影响。行为经济学已经证实，人们普遍具有从众心理。谭静和江涛（2007）对农户参加农村社会养老保险的心理因素进行了实证研究，证实从众心理是制约农户参与意愿的重要因素。在筹资上农户可能会表现出同样的从众心理。这种心理既可能导致农户有支付意愿而无支付行为的悖离，也可能导致无支付意愿而有支付行为的悖离，因此，社会网络对悖离的作用方向尚不明确。三是制度因素。选取"村中是否有垃圾收运及保洁管理考核制度"和"若农户随意倾倒垃圾是否会有人监管"来反映制度因素对农户支付意愿和支付行为的影响。作为"理性人"的农户，在合作过程中不可避免地会出现"搭便车"的动机，力图享受环境治理带来的利益而不愿付出。是否能有效约束农户"搭便车"的行为，成为农户合作形成的关键。因此，预期制度因素对悖离的作用方向为负。

二　模型构建

（一）二元分类评定模型

采用二元分类评定模型，分析对农户支付行为与支付意愿悖离影响显著的因素。被解释变量是农户对农村生活垃圾集中处理费用支付行为与支付意愿的悖离状况，取值由支付意愿和支付行为两部分取值之差的绝对值构成。在支付意愿中若愿意支付则取值为1，不愿意支付则取值为0；在支付行为中若具有支付行为则取值为1，没有支付行为则取值为0。如果支付意愿与支付行为一致，则二者取值之差为0；如果支付意愿与支付行为不一致，则二者取值之差的绝对值为1。因此，被解释变量的取值为1或者0，是一个二元选择变量。建立二元分类评定模型，其形式为：

$$p = F(y=1 \mid X_i) = \frac{1}{1+e^{-y}} \tag{4-1}$$

式中，y代表农户对农村生活垃圾集中处理筹资支付行为与支付意愿的悖离值。p代表悖离的概率；X_i（$i=1, 2, \cdots, n$）被定义为可能影响悖离的因素。

y是变量X_i（$i=1, 2, \cdots, n$）的线性组合，即：

$$y = b_0 + b_1x_1 + b_2x_2 + \cdots + b_nx_n \tag{4-2}$$

式中，b_i（$i=1, 2, \cdots, n$）为第i个解释变量的回归系数。b_i为正，表示第i个因素对悖离行为有正向影响；b_i为负，表示第i个因素对悖离行为有负向影响。

对式（4-1）和式（4-2）进行变换，得到以发生比表示的二元分类评定模型如下：

$$\mathrm{Ln}\left(\frac{p}{1-p}\right) = b_0 + b_1x_1 + b_2x_2 + \cdots + b_nx_n + \varepsilon \tag{4-3}$$

式中，b_0为常数项，ε为随机误差。

选取以下三大类共14个自变量，即农户个人特征（性别、年龄、健康状况、受教育程度、年家庭人均纯收入、在本村年居住时

间）、农户认知（现有垃圾是否对生活产生影响、生活垃圾集中处理
对环境改善效果、垃圾处理筹资额度的高低）和环境影响［包括地区
因素（村生活区人口密度、村是否有乡镇企业）、社会网络（村干部、
亲戚、朋友等是否支付）和社会制度（村中是否有垃圾收运及保洁管
理考核制度、若农户随意倾倒垃圾是否会有人监管）三类］。

（二）ISM 模型

采用 ISM 模型（解释结构模型）分析对悖离具有显著影响的各
因素之间的层次结构。ISM 模型可以有效分析和揭示社会经济系统
的内在结构，对探究系统的结构和层次、识别系统的关键因素以及
研究各因素之间的层次结构具有重要作用。模型利用了关联矩阵原
理，利用计算机辅助系统将系统各因素信息予以处理，最终确定因
素间的内在关系和层次（汪应洛，1998）。近年来，ISM 模型分析
被广泛应用于各个领域，周利平等用该模型研究了影响农户参加农
民用水协会行为因素间的层次关系；孙世民等（2012）用该模型分
析了养猪场质量安全行为实施意愿的各影响因素之间的关联关系及
层次结构。在本书中影响农户生活垃圾集中处理筹资支付行为和支
付意愿悖离的诸因素中，若能区分各因素的关系层次，对识别悖离
的关键因素乃至解决公共产品的供给问题都具有重要意义。

若农户支付意愿与支付行为悖离的影响因素共有 k 个，则用 S_0
表示意愿的悖离，S_i（$i = 1, 2, \cdots, k$）表示悖离的影响因素。根
据 ISM 分析方法的具体步骤，画出如图 4 - 3 所示的支付意愿与支付
行为悖离影响因素的 ISM 分析流程。其中，因素包括 S_0 和 S_i，因素
S_i（$i = 1, 2, \cdots, k$）之间的逻辑关系是指两因素间是否存在直接
的"相互影响"或"互为前提"等关系。因素间的邻接矩阵 R 的构
成元素（r_{ij}）定义为：

$$r_{ij} = \begin{cases} 1 & S_i \text{ 与 } S_j \text{ 有逻辑关系} \\ 0 & S_i \text{ 与 } S_j \text{ 无逻辑关系} \end{cases} \quad i = 0, 1, \cdots, k; j = 0, 1, \cdots, k$$

$$(4 - 4)$$

因素间的可达矩阵 M 由式（4 - 5）计算得到：

$$M = (R+I)^{\lambda+1} = (R+I)^{\lambda} \neq (R+I)^{\lambda-1} \neq \cdots \neq (R+I)^2 \neq (R+I)$$

$$(4-5)$$

式中，I 为单位矩阵，$2 \leqslant \lambda \leqslant k$，矩阵的幂运算中采用布尔运算法则。

最高层的因素根据式（4-6）确定：

$$L_1 = \{ S_i \mid P(S_i) \cap Q(S_i) = P(S_i) ; \ i = 0, 1, \cdots, k \} \quad (4-6)$$

式中，L_1 代表最高层，$P(S_i)$ 表示可达矩阵中从因素 S_i 出发可以到达的全部因素的集合，$Q(S_i)$ 表示可达矩阵中可以到达因素 S_i 的全部因素的集合，即：

$$P(S_i) = \{ S_j \mid m_{ij} = 1 \}, \ Q(S_i) = \{ S_j \mid m_{ij} = 1 \} \quad (4-7)$$

式中，m_{ij} 和 m_{ji} 均是可达矩阵 M 的因素。

其他层因素的确定方法是：首先，从原可达矩阵 M 中删去 L_1 中因素对应的行与列，得到矩阵 M'；其次，对 M' 进行式（4-7）和式（4-6）操作，得到位于第二层（L_2）的因素；再次，从 M' 中去掉 L_2 要素对应的行与列，得到矩阵 M''，对 M'' 进行同样的操作，得到位于第三层（L_3）的因素；依此类推，得到位于所有层次的因素；最后，用有向边连接相邻层次间及同一层次的因素，得到农户对农村生活垃圾集中处理支付意愿与支付行为悖离影响因素的层次结构。

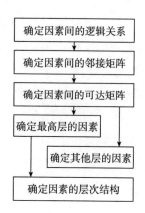

图 4-3 系统影响因素的 ISM 分析流程

第四节 支付意愿与支付行为悖离的影响因素实证分析

一 支付意愿与支付行为悖离的影响因素分析

根据所获得的调查数据，采用 Stata13.0 统计软件对农户在生活垃圾集中处理中支付意愿与支付行为悖离的影响因素予以分析。由模型的回归结果可知，模型整体拟合度良好，回归结果可信，可以作为解释分析各影响因素对悖离作用关系的依据。解释变量的作用方向与预期基本符合（见表4-2）。

表 4-2　　　　农村生活垃圾集中处理农户支付意愿与
支付行为悖离的分析结果

解释变量		支付意愿与支付行为的悖离		
		系数	标准差	P 值
农户个人特征	性别（x_1）	0.249	0.309	0.421
	年龄（x_2）	0.053	0.169	0.756
	健康状况（x_3）	1.153**	0.448	0.010
	受教育程度（x_4）	0.210	0.178	0.238
	年家庭人均纯收入（x_5）	−0.798***	0.142	0.000
	在本村年居住时间（x_6）	0.081	0.160	0.615
农户认知	现有垃圾排放是否对生活产生影响（x_7）	−1.830***	0.339	0.000
	生活垃圾集中处理对环境改善效果（x_8）	−0.449*	0.180	0.012
	垃圾处理筹资额度的高低（x_9）	−0.096	0.172	0.575
环境影响	地区因素 村生活区人口密度（x_{10}）	0.231	0.224	0.302
	村是否有乡镇企业（x_{11}）	−0.476	0.337	0.158

续表

解释变量			支付意愿与支付行为的悖离		
			系数	标准差	P 值
环境影响	社会网络	村干部、亲戚、朋友等是否支付（x_{12}）	− 0.879 *	0.353	0.013
	制度因素	村中是否有垃圾收运及保洁管理考核制度（x_{13}）	− 0.331	0.319	0.299
		若农户随意倾倒垃圾是否会有人监管（x_{14}）	− 2.882 ***	0.330	0.000
Pseudo R^2			0.4585		
对数似然值			− 153.7630		
$P > \chi^2$			0.0000		

注：*** 、** 、* 分别表示1%、5%和10%的显著性水平。

模型结果表明，农户支付行为和支付意愿悖离影响显著的因素包括：农户个人特征中的农户健康状况和农户年家庭人均纯收入；农户认知中的生活垃圾集中处理对环境改善效果和垃圾处理筹资额度的高低；地区因素中的村生活区人口密度以及以村干部、亲戚、朋友等是否支付表示的社会网络。与预期一致，农户的健康状况在5%显著性水平下对悖离产生正向影响，表明农户健康状况是导致农户支付意愿与支付行为悖离的原因之一。环境品质对人类健康和福利有重要影响（田翠琴等，2011），身体健康状况越差，越容易受到环境的影响，也会对环境更加关注，愿意参与到环境的改善当中，支付意愿和行为也表现得更为一致。农户年家庭人均纯收入这一变量通过了1%显著性水平下的显著性检验，影响方向与预测影响方向一致，呈负向影响，表明随着农户收入的下降，农户支付意愿与支付行为悖离的可能性越大。显然，这种农户收入影响的悖离更可能是农户有支付意愿而无支付行为的悖离，表现为对筹资的"心有余而力不足"。这一结果与约翰逊（Johnson，2010）在研究农户收入约束下追求自身效用最大化时得出的结论相吻合。"现有生活垃圾的排放是否对生活产生影响"这一变量通过了1%显著性水平的显著性检验，对悖离具有显著影响，作用方向为负。表明农户对生活垃圾随意排放影响环境认知越深，农户生活垃圾集中处理支付意愿与支付行为越不容易发生悖离。显然，农户对生活垃圾的环境危害认知越深，其为环境支付的意愿和行为动机相对更加强烈，悖离也更不易发生。生活垃圾集中处理对环境改善效果的农户认知对悖离呈负向影响，在10%的显著性水平下通过检验，说明若农户认为生活垃圾集中处理对环境改善效果越好，则悖离越不容易发生。农户认为环境改善效果越好，则对生活垃圾集中处理就会越期待，支付意愿增加。若农户认为环境改善效果好，则整体支付行为比例会增加，从减少无支付意愿和增加支付行为两方面降低悖离的发生。农户对垃圾处理筹资额度高低的感知对悖离的影响并不显著，可能的原因是调研地筹资额度相对较低，农户具备一定的承担能力。社会网络对悖离呈现出显著影响（10%显著性水平下），表明社会网络的影响是农户支付意愿与支付行为悖离的重要因素，呈负向影响。实际调查发现，愿意支付却并未支付的农户在陈述其主要原因时，认为周围同样情况的人也并未支付，自己如果支付明显不公平，而且会被认为是"弱者好欺负"。另一部分已经支付却并不愿支付的农户也表示自己迫于无奈，既然周围人都交了，自己不愿当"刺头"。农户的从众心理明显影响其支付行为，这也是造成社会网络对农户支付意愿与支付行为悖离影响的主要原因。在调查样本中未支付的农户中表示有支付意愿的比例占总样本的26.84%。支付农户中并不具有支付意愿的占总样本的13.54%。显然，农户的支付行为不仅会影响自身，同时也会影响到周围农户，而且这种效应容易被扩散而加强。制度因素中"若农户随意倾倒垃圾是否会有人监管"对悖离具有显著的负向影响（1%显著性水平下）。而"村中是否有垃圾收运及保洁管理考核制度"影响并不显著，说明农户支付意愿和支付行为的一致性更重要的来源于垃圾处理"看得见"的运行效果。在不存在强迫性缴费的前提下，如何通过制度约束强化处理的效果，从而有效引导农户的认知，对农户合作的形成具有重要的意义。

二 支付意愿与支付行为悖离的影响因素层次解析

根据以上模型分析的结果，提取出对农户支付意愿与支付行为悖离影响显著的因素。分别用 S_1 表示农户健康状况，S_2 表示年家庭人均纯收入，S_3 表示现有生活垃圾排放是否对生活产生影响，S_4 表示生活垃圾集中处理对环境改善效果，S_5 表示村干部、亲戚、朋友等是否支付，S_6 表示若农户随意倾倒垃圾是否会有人监管。在调研和咨询有关专家的基础上得出了这 6 个因素之间的层次关系，如图 4-4 所示。行因素对列因素的影响以"V"表示，列因素对行因素的影响以"A"表示，"0"表示两者之间无影响，"V/A"表示双方相互有影响。

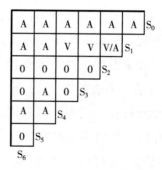

图 4-4 影响因素间的逻辑关系

根据图 4-4 和式（4-4）得到影响因素间的邻接矩阵 R：

$$R = \begin{array}{c} S_1 \\ S_2 \\ S_3 \\ S_4 \\ S_5 \\ S_6 \end{array} \begin{bmatrix} 1 & 1 & 0 & 1 & 0 & 0 \\ 1 & 1 & 0 & 0 & 0 & 0 \\ 0 & 0 & 1 & 0 & 0 & 0 \\ 0 & 0 & 0 & 1 & 0 & 0 \\ 1 & 0 & 1 & 1 & 1 & 0 \\ 1 & 0 & 0 & 1 & 0 & 1 \end{bmatrix} \qquad (4-8)$$

利用式（4-5）和 Matlab7.0 软件，由邻接矩阵 R 得到影响因素的可达矩阵 M：

$$M = \begin{array}{c} S_1 \\ S_2 \\ S_3 \\ S_4 \\ S_5 \\ S_6 \end{array} \begin{bmatrix} 1 & 1 & 0 & 1 & 0 & 0 \\ 1 & 1 & 0 & 1 & 0 & 0 \\ 0 & 0 & 1 & 0 & 0 & 0 \\ 0 & 0 & 0 & 1 & 0 & 0 \\ 1 & 1 & 1 & 1 & 1 & 0 \\ 1 & 1 & 0 & 1 & 0 & 1 \end{bmatrix} \qquad (4-9)$$

对于可达矩阵，首先，根据式（4-7）和式（4-6）得到 $L_1 = \{S_3, S_4\}$。然后，根据其他层次因素的确定方法依次得到 $L_2 = \{S_1, S_2\}$，$L_3 = \{S_5, S_6\}$。其中 S_3、S_4 处于第一层，S_1、S_2 处于第二层，S_5 和 S_6 处于第三层。各影响因素形成了链状的层次关系，同一层次和相邻层次的因素由有向边来连接，共有 3 个层次。农户支付行为与支付意愿悖离的影响因素之间关系如图 4-5 所示。

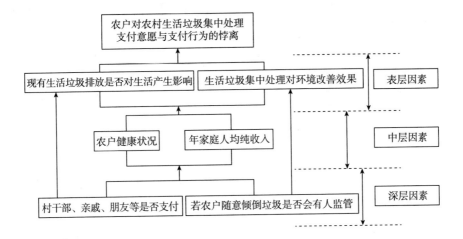

图 4-5　影响因素间的关联与层次结构

ISM 模型结果表明，在对农户支付行为与支付意愿悖离影响显著的因素中，农户认知中的"现有生活垃圾排放是否对生活产生影响"和"生活垃圾集中处理对环境改善效果"属于表层直接因素；

农户个人特征中的"农户健康状况"和"年家庭人均纯收入"属于
中层因素;环境影响中的社会网络(用村干部、亲戚、朋友等是否
支付表征)和制度因素中的"若农户随意倾倒垃圾是否会有人监
管"是深层因素(见图4-5)。这些因素既独立发挥作用又相互关
联,共同形成一个农户生活垃圾集中处理悖离影响因素系统。农户
认知和农户个人特征是中层、表层影响因素,而外部环境影响是悖
离的深层影响因素。这种层次结构的形成原因,主要是生活垃圾的
集中处理是准公共产品,根据"理性"假设,农户往往采取"搭便
车"的策略以获取收益最大化。因而在悖离的表层及中层因素中,
其最直接的影响因素即自身状况和自身的经济条件。然而,农村传
统宗族社会主要以地缘、血缘与亲缘关系为纽带,农村传统的宗族
社会的特征在生活垃圾集中处理这一组织方式上,必然要求通过网
络作为资源动员的结构基础,发挥沟通和团结农户的作用(戈顿,
2010)。为了保持利用网络源源不断地获取社会资本,农户即使主
观上并无支付意愿也会采取支付行为;村干部、亲戚、朋友的支付
会转变农户的支付意愿,从而减少有支付行为而没有支付意愿的悖
离;"若农户随意倾倒垃圾是否会有人监管"这一制度因素也通过
改变农户的认知而作用于农户支付意愿与支付行为的悖离。对随意
倾倒垃圾的监管不仅让农户看到了垃圾集中处理中的实际行动,也
认识到其有利于环境效果的改善,对农户支付意愿和支付行为产生
双向的促进作用,从而减少悖离的发生。外部环境作为深层因素通
过影响农户认知最终导致悖离的结论,为我们认识环境因素对农户
支付意愿和支付行为的影响机制提供了实证依据。

第五节 本章小结

本章以河南荥阳421名农户为调查样本,建立二元分类评定模
型实证分析农户在农村生活垃圾集中处理合作供给中支付行为与支

付意愿悖离的影响因素。研究发现，农户支付行为与支付意愿悖离的影响因素主要受农户个人特征、农户认知和农户所处环境的影响。其中农户个人特征中影响显著的因素为年家庭人均纯收入和农户健康状况；农户认知中影响显著的因素为"现有生活垃圾排放是否对生活产生影响"和对"生活垃圾集中处理改善环境效果"的认知；农户所处环境中影响显著的因素为制度因素中的"若农户随意倾倒垃圾是否会有人监管"和以"村干部、亲戚、朋友等是否支付"表示的社会网络。ISM 模型进一步分析了六个影响显著的因素对悖离影响的层次结构和关联关系，识别出影响悖离的深层因素是环境影响中的制度因素和社会网络。

　　由研究结论可以看出：第一，农户的收入和健康对于其参与合作供给具有直接的影响。随着农户收入水平的提升，农户的环境保护意识也会逐步增强，愿意为环境改善做出自己的努力。第二，当今农村中农户依然存在较强的从众心理，他们认为"和大众绑在一起跟着主流走才是上策"（丁洁，2012）。也正因如此，在生活垃圾集中处理合作供给中，村干部和村庄能人的动员能力以及能否带好头，对于合作供给的成败具有直接的影响。第三，对随意排放生活垃圾的监管，不仅有利于保持垃圾处理的效果，同时也会加强农户对自身的行为约束和环境认知，减轻"搭便车"的心理。因此，在生活垃圾集中处理合作供给中，既要注重垃圾处理的效果，同时也要让农户看到实实在在的行动，打消农户对别人"搭便车"的心理疑虑和自身"搭便车"的动机，同时引导农户对合作供给产生正确的认知，这样农户在支付意愿和支付行为上就更容易达成一致。

第五章 公共空间、社会资本对农村生活垃圾集中处理农户合作行为的影响

　　农村生活垃圾集中处理作为一类准公共产品，农户的合作供给主要是由村集体或农村社区内拥有共同目标的农户通过自发组织以实现垃圾减量化、环境优化的过程。但生活垃圾处理具有公共产品性质，加之个体理性与集体理性的不一致，导致集体行动发起过程中困难重重。作为群众性自治组织的村委会，在农村公共产品的供给中发挥着重要的作用。然而，随着农业税的取消，村委组织已经没有收取税费的职能，在合作供给的实践中，只能通过群众性资源筹资筹劳进行合作供给。现实中的农户，既是基于个体利益计算的理性个人，同时又生活在传统熟人、半熟人社会当中，受亲缘、地缘、业缘等的影响和约束。本章从社会环境因素出发，基于公共空间—社会资本—集体行动这一逻辑主线，通过博弈论分析农户个体间的策略选择和互动过程，进而分析集体行动的形成机理，并采用定量分析方法考察影响农户合作行为的具体因素，试图回答生活垃圾集中处理农户集体行动的实现条件和核心农户特征，探讨公共空间、社会资本对农户参与生活垃圾集中处理合作行为的影响机理。

第一节　农村生活垃圾集中处理农户
合作形成的微观机制

　　农村生活垃圾集中处理是一种典型的公共产品，对于农村来说，尽管生活垃圾的排放逐年增多，但长期以来一直并没有得到政府的相应重视。近几年，随着新农村建设和美丽乡村建设的开展，国家开始将农村环境整治提上日程。然而，由于历史性欠账过多，农村公共产品的供给严重不足，广大农村地区的生活垃圾依然处于随意排放状态，生态环境污染严重。农村社区公共产品供给不足已成为制约农村现代化进程的一大障碍。作为群众性自治组织的村委会，在农村公共产品的供给中应该发挥重要作用。中央政府在2000年提出的村庄"一事一议"的决策制度，也为群众性自愿筹资给出了依据和规范。因此，新农村建设进程中，农村社区应成为公共产品供给的组织者和发起者，然而，在实践中发起却困难重重。农户作为理性经济人，其参与生活垃圾的集中处理中会基于自身的成本收益权衡，农户之间的合作博弈主要是基于"囚徒困境"理论。假设有两个农户共同参与生活垃圾集中处理，每个农户必须在合作与不合作之间进行选择，合作的成本低于不合作的成本。如果A和B都选择合作，那么分别得到的收益为3，如果一个人合作另外一个人不合作，则合作农户虽能享受收益，但因被"搭便车"而遭受损失，故收益为1，非合作农户因"搭便车"得到的收益为2，两个人都不合作则农户无法享受到生活垃圾集中处理带来的利益，故收益都为0，则最终形成的博弈矩阵如表5-1所示。

　　从目前农村生活垃圾集中处理的现实来看，集体行动的实现往往需要采用运营成本由农户平均分摊的方式。假设每个农户可以通过提供相应的资金或劳动参与生活垃圾的集中处理，每人可以提供1单位或者0单位的公共产品，每单位的供给成本为6，通过集体行动，每单位的公共产品可为每个农户带来的效用为 4。表 5 - 2 中的矩阵反映了农户 i 与其他 $n-1$ 个农户供给公共产品过程中自身的获益情况。其中 j 是其他农户参与公共产品供给的单位数；如果都不供给公共产品，则收益为 0。如果只有农户 i 参与生活垃圾集中处理，则其得到的收益为 -2，矩阵的第二行表示如果农户 i 没有供给公共产品，则该农户由"搭便车"所获得的净收益。第三行表示的是农户 i 供给 1 单位公共产品时本人所获得的收益。

表 5 - 1 农户合作与否收益矩阵

农户 A	农户 B	
	合作	不合作
合作	(3, 3)	(1, 2)
不合作	(2, 1)	(0, 0)

表 5 - 2 "囚徒困境"下的公共产品供给

	0	1	⋯	$j-1$	j	$j+1$	⋯	$n-1$
i 不参与供给	0	4	⋯	$4(j-1)$	$4j$	$4(j+1)$	⋯	$4(n-1)$
i 参与供给 1 单位	$4-6$	$2\times4-6$	⋯	$4j-6$	$4(j+1)-6$	$4(j+2)-6$	⋯	$4n-6$

下面假设成本被平均分摊，即每个农户都必须分摊生活垃圾集中处理供给成本的 $6/n$，无论它是不是供给者。那么，不参与供给公共产品的农户将得到 $[4-(6/n)]j$ 的收益；参与供给公共产品的农户将得到 $[4-(6/n)](j+1)$ 的收益。当 $n >$（每单位公共产品的成本/每单位公共产品的收益）时，参与获得的收益超过了不参与。因此，如果 n 足够大，则占优策略就是提供生活垃圾集中处理。可见，成本分摊模式有利于削减集体行动中"搭便车"的动机，即当每个农户都提供 1 个单位的公共产品并获得 $4n-6$ 单位的净收益时，该模型实现了纳什均衡，达到了帕累托最优状态。

成本分摊机制形成的过程当中，参与的各方会通过互动，基于各自的利益与需求，最后形成均衡的博弈格局。张向和等（2010）分析了城市垃圾处理厂的选址与定价博弈中多方利益主体之间的互动，讨论了相关主体之间的利益协调与补偿。也有提出从利益相关者对组织权力的大小、从组织获利绝对值的大小和对组织关注度的高低三个维度进行利益相关者分类，从而增强城市生活垃圾处理设施选址决策的科学性、合理性。从城市垃圾处理的选址决策来看，通过不同的社会利益集体之间的博弈，最终达成动态的平衡成为公共决策中的新动向。在这个过程中，公共决策不是公共利益的最大化，而是各种利益集团博弈和妥协的结果。农村社区公共产品合作供给是建立在微观决策基础上的典型集体行动。农户个体进行理性计算的后果往往导致"搭便车"的出现，最终导致集体行动失败。但是，中国农村社区中有许多集体行动取得成功的案例，背离了奥尔森（1965）的集体行动的逻辑。中国的农村社区不同于西方，一个显著的特征就是农户长时间生活在一个共同的社区当中，从事着相同的职业，彼此往来密切，形成了一个基于血缘、亲缘、业缘和地缘的有很强地域特色的"熟人社会"。村庄社区的地域具有明显的界限，社区内成员具有很强的认同感。在这样一种"熟人社会"背景下农户之间会形成一张张由熟人关系织起的网络，约束和规范着社区成员的行为，为相互之间的合作提供了基础。而这种关系网构建的前提是乡村公共空间的存在，社会关系的发生和伸展往往需要一定的公共空间。

第二节 公共空间、社会资本对农户参与 生活垃圾集中处理合作的 影响机理

尽管学界仍在为社会资本概念的起源争论不休，但是在社会资本对集体行动的促进作用上没有异议。科尔曼（1990）对社会资本

的作用做了详细探讨，认为社会资本对于组织成员来说是一种重要的资源，这种资源有利于促进成员间集体行动的达成。埃莉诺·奥斯特罗姆（1999）认为，社会资本是与人力资本、自然资本等对应的一种新的资本，它是上述资本的补充，最大的特点在于它的非正式性。个体可以通过使用嵌入网络中的资源而获益。社会资本如何促进成员之间的合作，与社会资本的结构有密切联系。普特南（1993）认为，社会资本在解决集体行动困境中发挥作用的途径包括信任、规范和网络。组织成员在网络中互动产生信任和共同遵守的准则和规范，而长时间对规范准则的遵守会逐渐形成个体成员共同的价值观念。同时，信任、规范和网络彼此之间又是相互促进的，会更大程度上促进成员之间的合作。

对于农村社区的集体行动，中国农村有着特殊的背景，由于长期受"熟人社会"的影响，农户个体之间靠血缘、亲缘、地缘等社会网络密切联系了起来。而传统强大的宗法主义，使他们具有很强的"从众心理"（丁洁，2012）。这一点很不同于西方的农民。因此，农户个体在自己的行为逻辑中不会单纯地通过经济理性的视角来考虑，他们更多地会在意周围人如何去做，周围人对他们具有重要的影响作用，因此，社会关系和社会网络对于农户的行为具有塑造作用，农户之间的集体行动组织成本也会更小，更有利于集体行动的实现。值得指出的是，随着社会的转型，中国农村地区正在逐渐发生变化，随着农户流动性的增大和宗法主义的逐渐没落，熟人社会的条件也越发难以满足。因此，在农民生活个体化、农民行为理性化、乡村社会组织碎片化、人口流动超常规化、村落共同体空心化、农村社会"过疏化"背景下，农民之间如何才能形成合作，就成为合作组织发展的前提。

作为社会资本衍生和发展的前提，公共空间为社会资本的培育和农户合作行为的形成提供了不可或缺的土壤。公共空间是一个被多学科使用的概念，不同的学科具体内涵也不同。哈贝马斯通过对公共领域的描述给出了公共空间的定义，在其中强调了参与的自由性和对公众的开放性。随着研究的不断深入，公共空间又有了新的内涵，包括两层意思：首先是强调它的实体性，即人们可以进行交流互动的公共场所；其次是强调了它的功能性，即公共空间中是一种制度化的组织或形式。对于农村社区来讲，公共空间为农户互动交流提供了场所和平台。凭借这种平台，农村社区会延伸出更为丰富的社会资本，为农户的生产生活提供了有价值的资源，使农户个体在做出决定时更具有自主和灵活性（Gabre – Madhin，2001）。同时，也为农户相互之间的合作产生了奠定了坚实的基础。随着社会的转型，群体之间的互动与合作已经成为常态，显然，农户之间的合作需要更充分的信息和信任。因此，社会资本对于本来处于原子化状态的农民更具有特殊的意义。按照社会资本的传统观点，网络闭合有助于产生相对规范的场域，促进组织个体间的信任与合作。农户之间的互动环境正属于这种闭合网络的范畴。社会资本可以通过约束规范农户的行动减少"搭便车"的现象，从而促使农户合作的成功。当下，在越来越不具有"熟人社会"的条件下，农户之间合作行为的发生对能够产生更多有效社会资本的乡村公共空间更为依赖。公共空间充当了农户互动交往和彼此信任的载体，对农户合作行为的发生具有重要意义，而且合作行为量的大小与质的高低又取决于公共空间本身所能产生出有效社会资本的多寡（韩国明等，2012）。

　　基于上述分析，本章依据传统乡村社会变迁的现实，并进一步假设游离于传统熟人社会的乡村需要足够的公共空间生成社会资本，而乡村所存在的特殊社会资本能够影响农村社区成员的参与生活垃圾集中处理的微观决策机制，进而有助于实现农村社区公共产品合作供给的集体行动，并对农户参与生活垃圾集中处理的合作形成进行实证验证。

第三节　公共空间、社会资本对农户参与
　　　　生活垃圾集中处理合作影响的
　　　　实证分析

一　理论与现实背景

近年来，随着农村经济的快速发展及农民生活水平的不断提高，我国农村城镇化水平不断提速，随之而来的是垃圾排放量日益增加，农村垃圾的成分也由以往易降解的果皮菜叶、秸秆稻草等演变为包括废纸、橡胶、塑料包装物等在内的多种垃圾组合，分类和处理难度加大。由于缺乏相应的公共服务设施，农村居民备受生活垃圾污染问题困扰。调查数据显示，我国农村人均日垃圾排放量达0.92千克，每年累计达3亿吨。城乡生活垃圾排放量正以8%—10%的速度持续快速增长（蒋晓琴，2015）。农村垃圾污染是农业和农村面源污染、立体污染和系列生态环境问题的主要诱因。农村垃圾处理已成为全社会关注的焦点。国务院办公厅出台了《关于改善农村人居环境的指导意见》，提出改善农村的村容村貌应以基层农户的需求为导向，推行村内公共事务"农户议农户定、农户建农户管"的管理机制，实施农村人居环境治理自下而上的民主决策制度，通过推行项目信息的全程公开，使农户参与项目的规划、建设、管理与监督等过程，并设立农户理事会或监督委员会等机构，接受农户的监督，保证项目的公开透明。因此，改变旧有自上而下的单中心决策体制，构建农村公共产品供给的多中心体制，可以为保证农村公共产品的有效供给提供新的思路（刘建平和龚冬生，2005；王树文等，2014）。

农户在村庄中是最小的个体单位，由于受"熟人社会"的影响，农户个体之间靠血缘、亲缘、地缘等社会网络密切联系了起

来。而传统强大的宗法主义，使他们具有很强的"从众心理"（丁洁，2012）。因此，农户个体在自己的行为逻辑中不会单纯地通过经济理性的视角来考虑，他们更多地会在意周围人如何去做，周围人对他们具有重要的影响作用，因此，社会关系和社会网络对于农户的行为具有塑造作用。同时，社会网络的拓展依靠网络中成员的互动和交流，而公共空间为这种交流互动提供了具体的载体和平台。显然，对公共空间的细化研究，对于理解农户群体行为，研究农户个体间的互动与合作，具有重要的现实意义。因此，本书以农村社区生活垃圾集中处理的农户合作行为生成的微观考察为例进行分析：首先，构建公共空间、社会资本与合作行为之间关系的理论模型；其次，在对公共空间进行分类的基础上，以河南省荥阳市421名农户的问卷调查为例，采用 Heckman－Probit 模型对农村生活垃圾集中处理中乡村公共空间、社会资本与农户支付行为的关系进行实证研究；最后，对公共空间与合作行为发生之间的相互关系进行理论分析，并提出相关政策建议，为政府部门制定决策提供参考依据。

二　研究假设

学者从不同方面对农村环境管理进行了研究。自然科学方面，主要集中于垃圾的分类、处理和转化利用技术等方面（张后虎等，2010；高庆标和徐艳萍，2011；普锦成等，2012；巫丽俊等，2013）。关于农村生活垃圾处理，社会科学更多情况下将其作为农村环境治理和农村公共产品供给的内容来研究。国外学者主要基于生命周期理论、循环经济理论、公众参与理论探讨垃圾的管理、回收等问题。国内学者主要集中于治理机制、模式、途径、效率和制度等方面（叶春辉，2007；李齐云，2010；李颖明，2011；宁清同，2012；付素霞，2013；王春荣等，2013）。从供给主体的视角，农村生活垃圾的处理主要有政府、市场和合作供给三大模式。在我国农村基础设施改革中，农村基础设施供给外部性问题导致市场失灵，而政府行政体制又导致对基层的公共基础设施建设投入不足等问题（郑风田等，2010）。一些专家学者开始关注社区生活垃圾的自主治理，如许增巍等（2016）认为，生活垃圾的处理作为衡量一个地区生态文明的标志，应吸引公民、企业和社会组织等力量的参与，并提出了公众诱导式参与模式、公众合作式参与模式和公众自主式参与模式。为保证农户的有效参与，应保证农户的选举权，确保农村环保机构或自治机构的法律地位（陈丽华，2011）。可以看出，以农村社区为载体，社会各方面力量共同参与治理农村生态环境将是未来的发展趋势。从实地调研来看，农村基础设施合作供给既有成功的案例，也有很多合作变得举步维艰的案例。目前绝大多数理论无法解释为什么自主治理在有些村成为可能，而在有些村却面临集体行动失败的困境，其中关键的理论问题是集体行动的发生机制或生成机理。

以往对合作生成机理的研究主要着重于熟人社会的成员同质性与合作原则的确立。然而，学者的研究发现，社会转型导致熟人社会生成的外在条件越来越难以满足（贺雪峰，2000；吴重庆，2002）。随着农户流动性的增强，农村呈现出越来越开放的形态，传统宗族社会的影响也在不断减弱，农村社会的传统力量与传统结构仍然存在，然而，随着市场经济在乡村的不断深入，村庄内部的宗族结构与宗族联系更多的是以一种人与人之间联系的理性化或者说是以一种社会资本的形态而存在，是亲缘、族缘与地缘的结合体。而在河南中部地区的典型农村，宗族结构虽然也或多或少地存在，但其影响日渐式微，同时村民自治的力量则在不断增强。宗族意识的日渐淡薄，导致亲兄弟之间的合作甚至无法进行（刘义强，2000），宗族的存在更多的是为农户合作提供基础与载体的作用（贺振华，2006）。此外，经济、社会、文化稳定性的打破改变了农户的行为与活动方式，导致村域公共空间的变迁。研究发现，乡村公共空间为农民社会资本建构提供了基础的平台，是农民社会资本发展的一个载体（韩国明等，2012），正是农户公共空间的互动与约束过程，促使社会资本的产生与形成，公共空间通过与农村本身具有的亲缘与地缘功能相结合，为农户的生计改善提供了资源支持（李小云和孙丽，2007）。因此，乡村公共空间对合作行为的发生、发展起着重要作用，且公共空间本身所能产生有效社会资本的多寡对合作效率与合作的持续性产生了重大影响。从社会学的角度来看，乡村公共空间狭义上是指供居民日常生活和社会生活公共使用的室外空间，包括庙宇、集市、祠堂、广场、居住区户外场地、村委会等；广义上是指进入空间的居民，以及展现在空间之上的广泛参与、交流与互动，及其制度化的组织和制度化活动形式（曹海林，2005）。因此，从合作生成的机理这一角度，考察公共空间与农户合作行为之间的关系，并对社会资本的中介作用进行检验，验证公共空间对合作形成的直接作用和社会资本对合作形成的中介作用，对促进农户的合作行为、乡村环境的改善以及新的治理模式的形成具有重要意义。因此，本书的理论模型与假设如图 5 - 1 所示。

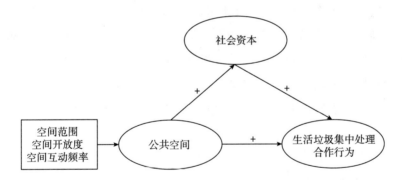

图 5 - 1　公共空间、社会资本与生活垃圾集中处理农户合作参与关系假设

韩国明等（2012）通过对甘肃、青海、宁夏三省（区）部分地区的实地调查发现，不同类型的乡村公共空间有助于促进农民合作行为的发生，大范围、高频率接触、半开放的公开空间能够为农户提供有力的交往空间，从而促使社会资本的产生，但现有研究缺失了村落公共空间的行为主体农户的分析。实际上，公共空间在村庄的稳定与发展中发挥着积极作用，良好的公共空间对村域自治具有重要的意义（许佳伟等，2012）。政府机构改革的推进，为农村社

区自主空间的范围扩大提供了坚实的基础。农户在乡土场域的互动
构成了乡村社会中日益稀缺的公共生活空间，并构成了乡村社区发
展与社区治理的组织基础和资源。而公共空间对农民社会资本的影
响主要取决于农民在公共空间中的互动方式、互动对象、互动时间
及互动频率（李小云和孙丽，2007）。因此，提出假设1。

假设1：乡村公共空间的空间维度、时间维度与开放维度与农
户生活垃圾集中处理合作行为正相关。

帕特南（1993）认为，在社区组织中形成的公共空间有利于组
织个体社会资本的生成。村落公共空间是乡村变迁场景中社会资本
生成的重要场域，凭借特定空间相对固定下来的社会关联形式和人
际交往结构方式孕育着社会资本基础的生成（曹海林，2005）。李
小云和孙丽（2007）通过案例分析也发现，农民在公共空间中的交
流与互动有利于形成新的社会关系，增强互动个体的社会资本，从
而为农户改善生计提供可资利用的资源。顾慧君（2010）认为，公
共空间作为一个载体，具有提供居民交往互动、信任建构的功能。
居民在社区公共空间内达到一定程度的数量与质量的互动，有利于
提升居民的凝聚力和社区归属感，从而促进社区社会资本的增长与
提升。学者也提出乡村社会行动的具体建构路径即重建乡村公共空
间为农户合作提供舞台（蒋旭峰，2013）。因此，提出假设2。

假设2：乡村公共空间通过作用于社会资本最终影响农户的生
活垃圾集中处理合作行为。

三　变量说明

（一）因变量说明

农户的参与主要包含参与意愿与参与行为两个层面。作为一种福
利性较强的公共产品，生活垃圾集中处理的环境与社会价值能够得到
农户的认同，不仅反映了农户对自然环境保护以及资源循环利用的主
观认识和接受程度，而且对新农村建设的进程产生重要影响。因此，
本书采用 Heckman – Probit 模型，首先通过考察农户的参与意愿验证乡

村公共空间是否是社会资本形成的前提；其次考察乡村公共空间通过作用于社会资本最终影响农户的生活垃圾集中处理合作行为的作用机制。

（二）自变量说明

1. 农户个人特征

反映农户个人基本特征的变量包括农户的年龄、性别、年家庭人均纯收入和受教育程度。农户个人特征是农户支付意愿与支付行为的基础。一般情况下，个人对环境保护关注度越高，则其支付的意愿与行为越强。与男性相比，在意愿上女性更倾向于保护生活环境，愿意为保护环境付费（洪大用和肖晨阳，2007；邓俊淼，2012）。但是，中国传统农村的"男主外，女主内"观念可能最终影响女性的支付行为。在年龄变量上，农民年龄越大对环境保护的意识越淡薄，支付意愿越弱（梁爽等，2005；吴建，2012）。同时年龄越大，受中国传统农村"熟人社会"的影响更强，从众心理表现得更明显（贺雪峰，2004）。因此，预期年龄对农户参与意愿的影响不确定。居民的健康状况会影响其对环境改善的最大支付意愿（蔡春光和郑晓瑛，2007；杨宝路和邹骥，2009）。患有或曾经患过慢性疾病的居民会对环境的改变更加敏感，因此其支付意愿与支付行为可能更趋于一致。因此，预期健康状况对农户参与为负向作用。农户受教育程度越低，一般对环境保护的意识也越弱。因此，预期受教育程度对参与行为产生正向作用。蔡春光等（2007）在对北京市空气污染健康损失的支付意愿研究中发现，经济因素是影响居民改善环境支付意愿的最重要因素。随着农户年家庭人均纯收入增加，支付意愿与支付能力均有加强的趋势。因此，预期年家庭人均纯收入对农户参与为正向作用。农户一年中在本村的居住时间越长，参与生活垃圾集中处理获得的效用越高，预期在本村年居住时间对参与行为为正向作用。

2. 社会资本

社会资本有助于集体行动的实现，这主要是由于社会资本往往影响着参与者的合作行为（埃莉诺·奥斯特罗姆，2010）。因此，理解社会资本在农户合作行为中的作用极为关键，社会资本在很大程度上决定了集体行动的路径、范围和本质（周生春和汪杰贵，2012）。传统观点认为，农户合作的形成与实现主要基于对对方信任行为的预期，即对方基于信任采取合作行为的可能性（黄珺等，2005），信任是社会资本的关键测量指标（潘敏，2007；唐为和陆云航，2011）。许多研究已成功使用该指标表征社会资本（高虹和陆铭，2010；福山，1995；哈尔彭，2001；张维迎和柯荣住，2002），并证实该指标具有良好的信度和效度。博弈论视角下，囚徒彼此之间的不信任成为"囚徒困境"的重要原因。李小云和孙俪（2007）认为，某种公共空间中信任度的提高有利于该种公共空间的整合。亨廷顿曾指出，社会资本能为社区成员间的合作提供共同的价值观（周红云，2002）。本书中社会信任主要指在一个较小范围的群体中，成员间共享规范的期望，借鉴高虹和陆铭（2010）对社会信任的度量方式，对"一般说来，您认为绝大多数人多大程度上是可信的？或者您在和他们打交道时不用特意提防他们？"选项采用李克特7点量表，1＝非常不可信；2＝很不可信；3＝比较不可信；4＝一般；5＝比较可信；6＝很可信；7＝非常可信。预计农户的信任程度越高，则集体行动的响应行为越强。然而，现代化对传统社会的冲击打破了中国式社会信任的社会结构基础。因此，信任成为集体行动能否实现的关键（埃莉诺·奥斯特罗姆，2010）。

3. 乡村公共空间维度

前人对公共空间与社会资本之间的关系进行了探索和研究，并取得了大量成果。但是大多为定性研究，仅对公共空间进行了分类和细化，而鲜见定量方面的研究。本书借鉴韩国明等（2012）的分类方法，对乡村公共空间按照时间、空间及开放度进行三维划分。同时，欲将公共空间进行量化，引入计量模型，探究公共空间、社会资本和集体行为之间的作用机制。按照本书讨论的具体要求，结合调研地的实际情况，首先参照韩国明等（2012）的研究，列举出21种农户最经常出入的日常生活公共场合（见附录调查问卷二），请农户根据自身情况分别从出入公共场合的频率和认为该公共场合是否重要两个维度去做出判断。

（1）您生活中经常出入以下 21 种公共场合吗？

A. 几乎不去（=0 分）　　　　B. 很不经常（=0.25 分）

C. 有时去（=0.5 分）　　　　D. 常常去（=0.75 分）

E. 非常频繁（=1 分）

（2）您认为出入以下 21 种公共场合对您的生产、生活影响大吗？

A. 几乎没影响（=0 分）　　　B. 影响很小（=0.25 分）

C. 有一定影响（=0.5 分）　　D. 影响很大（=0.75 分）

E. 影响非常大（=1 分）

两个选项得分的乘积为该公共空间得分。最后按照范围、频率和开放度分别加总该农户的 21 种公共空间得分。若小范围得分大于大范围得分，则按小范围属性计（结果为大范围取值为 1，结果为小范围则取值为 0）。时间维度和开放维度采用同样的方法予以计算，最后就得出了该农户的交往公共空间类型。

因此，在三维划分法下，共有八种类型的公共空间（见图 5-2）。

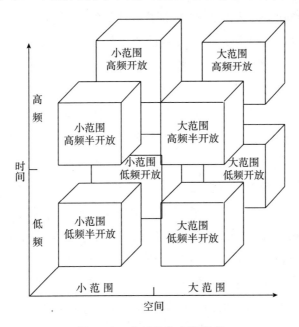

图 5-2　乡村公共空间维度

不同类型的公共空间如表 5 - 3 所示。

表 5 - 3 乡村公共空间类型

范围	频率	开放程度	公共空间类型
小范围	低频	半开放	村"两委"/村妇代会/村团支部/祠堂/红白喜事
小范围	高频	半开放	宗教/合作社
小范围	低频	开放	农村书屋/乡村文化站
小范围	高频	开放	小卖部/超市/活动广场/饭馆/棋牌室/村集市
大范围	高频	半开放	农产品批发市场
大范围	低频	开放	庙会/社火
大范围	高频	开放	乡镇集市
大范围	低频	半开放	乡镇会议/乡镇协会

注：参照韩国明等（2012）的分类方法，结合调研地实际予以划分。

4. 制度与组织服务功能

合作治理需要解决新制度的供给问题、可信承诺问题以及相互监督问题。发达地区的部分农村已经开展生活垃圾集中处理的合作治理，为解决环境恶化问题提供了一种新的途径与方式。其发挥作用的方式主要是两种：一是政府的监督作用，埃莉诺·奥斯特罗姆的成功自治八项原则之一即监督。规则的可持续性是保证集体行动可持续的必要条件，而在一个重复出现的场景中，对遵守规则的承诺可能具有权变的性质，本书用"若农户随意倾倒垃圾是否会有人监管？"来表征监督的效果。二是政府对垃圾集中处理的补贴。游文佩和吴东民（2014）认为，政府有责任对垃圾处理的基础设施给予一定程度的补贴，但由于经济发展水平或政府财政状况的差别，补贴水平不同，本书用"政府是否对生活垃圾集中处理进行补贴"来表征补贴状况。作为公共产品的自治管理，政府通过对其适当补贴引导农户使这一公共产品的利用持续下去。此外，组织的服务功能对农户参与生活垃圾的集中处理也非常重要，本书以"生活垃圾处理的及时性"来反映组织的服务功能。

相关变量及统计特征见表 5 - 4。

表 5 – 4　　　　　　　　　　变量说明和描述性统计特征

变量名称		变量代码	变量定义	均值	标准差	预期作用方向
因变量						
农户对农村生活垃圾集中处理支付意愿		y_1	愿意支付 = 1，不愿意支付 = 0	—	—	
农户对农村生活垃圾集中处理支付行为		y_2	支付 = 1，未支付 = 0	—	—	
自变量						
农户个人特征	性别	x_1	男 = 1，女 = 0	0.382	0.487	不明确
	年龄	x_2	18—30 岁 = 1，31—45 岁 = 2，46—60 岁 = 3，61—75 岁 = 4，76 岁及以上 = 5	3.019	0.886	+
	健康状况	x_3	健康 = 1，患有慢性病 = 0	0.848	0.359	–
	受教育程度	x_4	文盲 = 1，小学 = 2，初中 = 3，高中或中专或技校 = 4，大专及以上 = 5	2.677	1.065	+
	年家庭人均纯收入（元）	x_5	0—9999 = 1，10000—11999 = 2，12000—13999 = 3，14000—15999 = 4，16000 以上 = 5	3.040	1.209	+
	在本村年居住时间（天）	x_6	0—89 = 1，90—179 = 2，180—269 = 3，270—365 = 4	3.162	1.105	+
公共空间	范围	x_7	大范围 = 1，小范围 = 0	0.499	0.501	不明确
	频率	x_8	高频 = 1，低频 = 0	0.656	0.476	不明确
	开放度	x_9	开放 = 1，半开放 = 0	0.302	0.460	不明确
制度与组织服务功能	是否有人监督	x_{10}	若农户随意倾倒垃圾是否会有人监管，是 = 1，否 = 0	0.477	0.500	+
	政府是否补贴	x_{11}	有 = 1，无 = 0	0.891	0.312	+
	生活垃圾处理的及时性	x_{12}	非常不及时 = 1，很不及时 = 2，一般 = 3，比较及时 = 4，非常及时 = 5	3.905	1.195	+

变量名称		变量代码	变量定义	均值	标准差	预期作用方向
社会资本	社会信任	x_{13}	1 = 非常不可信；2 = 很不可信；3 = 比较不可信；4 = 一般；5 = 比较可信；6 = 很可信；7 = 非常可信	3.936	1.230	+

四 公共空间、社会资本对农户合作行为的实证分析

(一) 理论模型

农户参与农村生活垃圾集中处理的实质是一个两步决策的过程，认知是行为的基础，农户首先具有参与的意愿，然后在此基础上做出是否缴费的决策。如果人为地将有参与意愿而未参与的农户排除在外，仅对参与的农户进行回归是一个自我样本选择，而非随机样本，这种非随机的数据筛选本身容易导致模型估计的偏误。本书拟采用 Heckman – Probit 模型对农户的生活垃圾集中处理合作行为进行估计。第一阶段，运用 Probit 模型，考察农户是否具有合作意愿；第二阶段，运用引力模型进一步考察农户的合作行为到底受哪些因素的影响。具体的模型为：

第一阶段，关于农户生活垃圾集中处理合作意愿的影响因素模型如下：

$$P\ (y = 1 \mid x)\ = G\ (\beta_0 + \beta_x)\ = G\ (\beta_0 + \beta_1 x_1 + \beta_2 x_2 + \beta_3 x_3 +$$
$$\beta_4 x_4 + \cdots + \beta_m x_m) \tag{5-1}$$

式中，农户生活垃圾集中处理合作意愿为因变量，对合作态度的考察主要通过问卷询问农户的合作意愿，回答"是"则因变量赋值为"1"，回答"否"则赋值为"0"。$G\ (*)$ 是累积分布函数，x_1，x_2，$\cdots$，x_m 是 m 个影响农户生活垃圾集中处理意愿的因素，β_x （$x = 1$，2，$\cdots$，m）为自变量合作意愿 x 的系数。

第二阶段，关于农户生活垃圾集中处理支付行为的影响因素模型如下：

$$Z = （\alpha_0 + \alpha_1 x_1 + \alpha_2 x_2 + \alpha_3 x_3 + \alpha_4 x_4 + \cdots + \alpha_k x_k） + \varepsilon \qquad （5-2）$$

式中，因变量 Z 为潜在变量，对支付行为的考察主要通过问卷确定其是否有生活垃圾的集中处理支付行为，并通过自治组织的相关统计数据进行印证。如果回答"是"，则赋值为"1"，否则为"0"，x_1，x_2，$\cdots$，x_k 是 k 个农户支付行为的影响因素，α_1，α_2，$\cdots$，α_k 为支付行为影响因素的系数，ε 是随机误差项。

（二）结果分析

对于影响农户支付意愿与支付行为的因素，运用 Heckman - Probit 模型进行回归，其模型回归结果详见表 5 - 5。ρ 值显著不为 0，$\chi^2 = 71.82$，$P < 0.000$，表明样本确实存在选择偏差，农户的支付意愿与支付行为之间的决策存在相互依赖性。所以，Heckman - Probit 模型适用于本书的分析。由表 5 - 5 可知，性别、年龄、受教育程度、年家庭人均纯收入、健康状况、公共空间以及社会资本对农户生活垃圾集中处理合作行为影响显著，表 5 - 5 中模型 1 反映了公共空间三个维度对农户合作意愿影响的结果，模型 2 反映了社会资本对农户支付行为影响的结果。

第一，农户个人特征。根据模型估计结果发现，性别变量对农户合作意愿与支付行为均具有显著影响，通过了 1% 显著性水平下的显著性检验，表明女性具有较高的支付行为，反映出女性更关注环境现状的改善。这一结论，与洪大用和肖晨阳（2007）的研究结论相吻合。年龄对农户的支付行为具有显著的正向影响，并通过了 1% 显著性水平下的显著性检验，表明年龄越大的农户支付的可能性较大，可能的原因是年龄大的农户更长时间居住在农村，也更担心环境恶化对子孙后代的不利影响，因而具有较高的支付行为。受教育程度与年家庭人均纯收入在第二阶段模型（模型 2）中均通过了 1% 显著性水平下的显著性检验，且方向为负，而在第一阶段模型（模型 1）中系数的方向为正，但未通过显著性检验。而从制度

与组织服务功能的分析结果可以看出，高收入与较高受教育水平的
农户之所以未表现出支付行为，与制度与组织服务功能的缺失有较
大关系。实地调研也发现，农村生活垃圾集中处理正处于起步阶
段，虽然政府大力进行宣传，并对基础设施建设进行了一定投资，
但在实际运行阶段，由于缺乏组织经验以及运行不畅等种种原因，
农户参与比例不高。在农户合作意愿方面，第一阶段模型中在本村
年居住时间影响不显著；在农户支付行为方面，第二阶段模型中在
本村年居住时间通过1%显著性水平下的显著性检验，表明居住时
间越长，支付的可能性越大。调研发现，由于外出打工的人数众
多，人员流动性的加大不利于人员之间的相互交流和共同话题的形
成，导致农户的合作意愿不强，不利于集体行动的形成，反映出村
庄居住时间是农户决策的重要影响因素。此外，并不是收入水平越
高响应行为越强，这可能与收入水平最高的一部分农户不经常在村
中居住，村庄认同感不强有关。因此，人均收入水平与生活垃圾集
中处理响应行为呈现出倒"U"形关系。

表 5 - 5　　　　　　Heckman - Probit 模型的估计结果

	模型 1 （合作意愿）			模型 2 （支付行为）		
	系数	稳健标准差	P 值	系数	稳健标准差	P 值
性别	0.2163	0.5536	0.696	- 1.8125 ***	0.2893	0.000
年龄	0.2078	0.2619	0.428	0.4770 ***	0.1454	0.001
健康状况	- 0.5153	0.6954	0.459	0.7864 ***	0.2889	0.006
受教育程度	0.0190	0.2094	0.928	- 0.4475 ***	0.1245	0.000
年家庭人均纯收入	0.2779	0.1899	0.143	- 0.6551 ***	0.1279	0.000
在本村年居住时间	- 0.1536	0.2592	0.553	0.1285 **	0.1284	0.042
是否有人监督	2.5313 ***	0.5219	0.000	0.1236	0.3092	0.690
政府是否补贴	- 0.3693	0.5772	0.522	- 0.2135	0.4507	0.636
生活垃圾处理的及时性	1.3799 ***	0.2717	0.000	0.0181	0.1370	0.895
范围	- 1.9101 ***	0.6145	0.002	—	—	—
频率	2.3154 ***	0.5753	0.000	—	—	—

续表

	模型 1（合作意愿）			模型 2（支付行为）		
	系数	稳健标准差	P 值	系数	稳健标准差	P 值
开放度	− 1.8914 ***	0.4801	0.000	—	—	—
社会信任	—	0.5665 ***	0.1268	0.000	—	—
常数项	− 3.6842 **	1.8791	0.050	1.0086	1.2327	0.413
对数似然值 = − 90.86			χ^2 =71.82　P > χ^2 = 0.000			

注：***、**、*表示分别在1%、5%和10%的显著性水平下通过检验。

　　第二，制度与组织服务功能。在影响农户生活垃圾集中处理合作意愿（第一阶段模型）的影响因素中，生活垃圾集中处理的及时性具有显著影响，在1%的显著性水平下通过检验，说明生活垃圾集中处理的频率与效率越高，将越有利于提高农户的合作积极性。此外，在生活垃圾集中处理的过程中农户个体非常在意"搭便车"现象的发生。是否有人监督在1%显著性水平下通过显著性检验，反映出农户对"搭便车"行为的担忧，因此，政府如何有效提高监督水平，使生活垃圾的制度供给有序化，从而降低交易成本，成为生活垃圾合作行为能否实现的关键因素之一。第二阶段模型中，制度与组织服务功能的各变量均未通过显著性检验，反映出在具体的支付行为中，农户更加现实与理性，表明农村生活垃圾集中处理过程中，政府的监督与垃圾处理效率等方面均未达到农户的要求，因而制度与组织服务功能是保证生活垃圾集中处理顺利运行的关键。波特与奥斯特罗姆（2004）在分析集体行动的因素时，强调了制度与组织实施对集体行动实施的重要性，良好的制度设计与完善的监督有利于集体行动的持续性。由此可见，政府的制度与组织服务功能对农户合作的健康发展具有重要意义。

　　第三，公共空间。范围维度的公共空间通过了1%显著性水平下的显著性检验，为负向作用，说明大范围公共空间并不利于增加农户的合作意愿。这跟韩国明等（2012）得出的结论并不一致。随着社会的转型，农户的外出频率和活动半径也在逐渐增大。在大范围公共空间的交流和互动尽管能开阔农户的视野，但是随着市场经济的渗透，经常外出"见世面"的农户经济意识和主体性意识也逐渐在增强（丁洁，2012），他们逐渐摆脱了传统宗法意识的约束和对土地的依赖，更关心的是自己的利益，而对村庄内的公共事务可能并不热衷。开放维度的公共空间通过了1%显著性水平下的显著性检验，为负向作用，说明相对封闭的空间更有利于农户集体行动的实现。这也印证了科尔曼的"闭合网络"观点。科尔曼（1988）认为，农户间的交往场域闭合有利于形成规范的合作环境，从而有利于农户合作行为的产生。相对封闭的空间能对成员产生一定的约束力，同时，经常出入半开放空间的人群规则意识会更强，所以一旦他们认可了合作供给，就会表现为支付行为。频率维度的公共空间通过了1%显著性水平下的显著性检验，为正向作用，表明高频率的交往空间有利于农户合作意愿的生成，反映出农户通过与周围人群经常性的交往互动，可以增强彼此之间的信任，增加农户之间的合作意愿。值得注意的是，随着市场经济的冲击，高频的交往机制也逐渐发生在除亲人之外的有共同利益追求的农户之间，通过创造更为丰富的社会资本，加大了合作的可能性。

第四，社会资本。在第二阶段模型中，加入了以社会信任表征的社会资本，模型显示出该变量通过了1%显著性水平下的显著性检验，为正向作用，表明农户之间彼此的信任度越高，农户参与生活垃圾集中处理合作越容易达成一致。埃莉诺·奥斯特罗姆（2010）的研究也表明，社会信任是集体行动实现的关键因素。由于农村小农意识浓厚，以及自利、互不信任的原子化农村社会现状，农民之间往往缺乏信任和有效监督，导致无法形成有效的合作，而公共空间的互动可以增加农户之间的信任，而社会信任又显著地增加农户的合作行为，这与我国的"差序信任"格局密切相关，农户之间的信任主要建立在血缘、亲族关系基础之上，信任范围在扩展过程中遵循"就近原则"（由近及远、由亲及疏）。由此，农户对家人、亲戚、朋友及陌生人的信任程度是由高到低进行排序的，农户对"自己人"的信任程度越高，越有利于集体行动的实现。此外，借鉴刘红云等（2013）的研究方法，采用 Sobel 检验验证社会资本的中介效应，空间互动频率通过社会资本对农户生活垃圾集中处理合作行为有显著的中介效用，中介效应占总效应的比例为 0.248；空间开放度通过社会资本对农户生活垃圾集中处理合作行为有显著的中介效用，中介效应占总效应的比例为 0.397；空间范围未通过显著性检验。由以上结果可知，公共空间为农户社会资本的建构提供了良好的平台。正是在合作意愿形成的过程中，乡村社会空间在农户的良好互动中成了农村社区农户社会资本发展的载体，因此，公共空间在一定程度上促使了社会资本的产生与维持。

总体而言，乡村公共空间不同维度对农户生活垃圾集中处理合作行为的影响各不相同。公共空间中主体人员聚集的频率维度对农户生活垃圾集中处理合作行为产生积极影响，而公共空间参与主体的地理范围大小以及对参与主体进入和退出的限制程度与农户的合作行为呈负向关系，反映出不同维度类型的公共空间对农户的交互作用导致集体行动结果的不确定性。

首先，小范围、高频、半开放的乡村公共空间对农户合作意愿的产生以及合作行为的实现具有重要的支撑性作用。农户合作意愿的产生主要是基于一定的利益诉求或者基于共同的目标的。合作意愿到合作行为的产生不仅需要信任，还需要一定的信息传递，以便使有共同目标的人达成共识，组织起来。这些信息传播的过程和共识的凝聚在适当的公共空间中可以得到满足。公共空间中的不同主体通过在公共空间中的互动及相互制约实现其活动的规范整合，从而有利于集体行动的实现。基尔帕特里克和贝尔（Kilpatrick and Bell，1998）从社区层面对个人与组织通过成员的互动从而实现集体行动的现象进行了考察，也证实了社区对集体行动产生与发生的作用。因此，应重视乡村公共空间在农户合作中的重要作用。张纯刚等（2014）在研究农民专业合作社的过程中，发现了伴随合作社的发展，一个意外后果就是生成了乡村公共空间，并且得出合作社对乡村社会的整合具有正向促进作用。在本书中乡镇级别以内的合作社恰好属于小范围、高频和半开放的维度，因此，增加农村合作组织的培育，对实现农村集体行动具有重要意义。

其次，社会资本在公共空间引致农户合作行为的过程中具有中介作用。社会资本的作用实质是通过组织网络的构建及长期的个体成员间的信任规范来实现个人或组织的效益目标。本书证实了乡村公共空间—社会资本—集体行动这一链条机制的存在。在特定公共空间中孕育的社会资本通过成员个体间的信任与互惠机制生成共同的目标，并产生实质的行动，从而提高了集体行动的效率，最终实现公共产品的合作供给。因此，在农村公共产品合作供给中，应重视社会资本的纽带作用，尤其应重视发挥村庄内拥有丰富社会资本的乡村精英的力量。

最后，农村生活垃圾集中处理的农户合作供给是农户个体、村庄、政府、社会彼此之间的互逆与互动的结果。基层社会的公共领域机制仅具有相对自主性。因此，完善农村的治理结构，加强农村公共事务治理势在必行。公共事务治理是公共资源、公共产品与公共空间共轭的过程，由于其与社区的利益息息相关，因此，合作供给首先需要在社区层面达成共识。然而，农村社区生活垃圾集中治理存在内源性激励强度不足的问题，外源性激励制度的引进成为一种必要，即需要依靠正式制度安排和社区非正式制度安排实现农村集体行动的成本分担、对合作行为给予鼓励以及对机会主义行为给予惩罚。所以，应注重政府的主体引导作用，政府应保证农村环境自主治理的宏观政策供给，包括对农村环境自主治理组织给予资金支持、协调冲突、提供环境监管信息、普及环保知识等，加强垃圾集中处理过程中管理方式的公开与透明，同时吸引农户的积极参与。其中，在政府的引导过程中尤其应重视培育类似专业合作社类型的小范围、高频、半开放的乡村公共空间。通过农户在公共空间中的互动，加大信息的交流与信任的产生，从而有利于集体行动的实现。

第四节　本章小结

实施生活垃圾集中处理农户合作供给是解决农村生活环境污染加剧而政府财政不足的有效方式。然而，面对社会转型的现实，原子化的农户其复杂的特征及行为导致集体行动困难重重。农户在生产生活场域中所形成的乡村公共空间及其在公共空间中所产生的社会资本为研究公共产品合作供给的生成提供了很好的解释视角。本章主要分析了生活垃圾集中处理农户合作行为形成的微观机制，在此基础上探讨了公共空间—社会资本—集体行动这一链条的作用机理，并实证分析了公共空间、社会资本对生活垃圾集中处理农户合作意愿和行为生成的影响。研究结果表明，乡村公共空间不同维度对农户生活垃圾集中处理合作行为的影响各不相同。小范围、高频、半开放的乡村公共空间对农户合作意愿的产生以及合作行为的实现具有重要的支撑性作用；社会资本在公共空间引致农户合作行为的过程中具有中介作用。农户通过在乡村公共空间的互动中培育社会资本，从而为集体行动的实现奠定基础。此外，农户合作意愿和支付行为的影响因素并不一致，政府的监督、服务的及时性对农户的合作意愿产生显著影响；而农户的个人特征则对农户合作行为的生成具有显著的影响。

第六章　异质性对农村生活垃圾集中
处理农户合作行为的影响

按照奥尔森的观点,成员的异质性有助于促进集体行动的实现。加斯帕塔(Gasparta,2002)也认为,在共享资源的合作治理中组织成员收入的异质性有利于建立起管理的权威,而社会声望等因素则有利于促进精英承担集体行动成本的动机。国内学者黄珺等(2007)通过对农民合作组织的研究,认为从同质性成员合作的"囚徒困境"到异质性成员的合作均衡过程中,收益大的成员更愿意发起和维护合作。从集体行动的组织发起到合作维持,成员个体的异质性对其在集体行动中的行为动机与策略选择均具有重要影响。农户生活垃圾集中处理的合作供给,是建立在微观决策基础上的典型集体行动。本章将农户异质性纳入农户合作供给集体行动的分析框架,探讨农户异质性对农村生活垃圾集中处理农户合作行为的影响。

第一节　异质性对农户参与农村生活垃圾
集中处理合作的影响机理

对集体行动组织成员异质性进行考察是理解和解释集体行动成功与否以及农户参与逻辑的重要方面(埃莉诺·奥斯特罗姆,2000)。农户异质性既包括资源禀赋异质性、人力资本异质性、社会资本异质性等物质层面,也包括偏好异质性等认知层面。农户参与集体行动的行为逻辑既受到成本收益最大化的影响，也受到周围环境的制约。其本质是不同类型农户根据其既有的资源禀赋与社会资本水平，选择最有利于个体的集体行动参与策略、参与方式等。异质性对集体行动影响的复杂性，主要在于个体异质性不同层面的相互作用导致集体行动及过程的不确定性，而在这一过程中制度安排对集体行动能否成功起到重要作用（埃莉诺·奥斯特罗姆，2004）。首先，偏好异质性反映了不同个体对社会价值取向的不同追求，正如《集体行动的逻辑》所指出的，集体行动的成功与否恰恰反映了自利追求者与利他者对选择性激励的不同响应模式，而资源禀赋的异质性有利于在集体行动中收益大的个体承担集体行动的发起成本，以及农户"搭便车"的成本，从而通过集体行动的参与获得个人的最大收益。社会资本异质性反映了农户对不同维度社会资本占有的不同，对集体行动的参与既有正向作用，也有负向作用。由于集体行动的实现需要不同主体的合作，以及问题解决机制和信息的沟通等方面不同，不同主体基于其独特的社会资本维度嵌入现存的社会结构中，从而有利于集体行动的生成或实现。

异质性的重要性主要体现在其对集体行动中不同个体利益分配的影响，集体行动的实现需要成本，参与者需要克服如何合作、合作成本如何分摊的问题以及公共池塘资源合理使用的激励问题。在这一过程中，利益的互补性或可分享性降低了不同主体为获得利益而进行的斗争，不同主体的异质性有利于形成对不同利益或互补利益的追求。值得强调的是，制度或规则通过调节异质性水平或补偿异质性水平，从而对促进集体行动产生重要作用。并不是所有形式的异质性对集体行动发起形成阻碍，不同形式的异质性更多的是通过社会结构以及资源利益分配等形成对集体行动最终结果的影响，因此，需要更加重视制度安排的重要性（斯特恩等，2002）。通过采用服务运行情况作为反映制度安排的变量，也验证了制度对集体行动实现以及农户参与逻辑的重要作用。因此，异质性的个体能够通过设计合理的制度或规则从而为集体行动奠定坚强的基石，而集体行动的制度安排在异质性基础上更重要的是如何设计合法、有效、公平的成本方案，使不同个体或群体达成合理的成本分摊成为集体行动实现的关键。但现实中并不存在一个简单的或最优的制度规则方案，不同个体的特点、不同群体的特点以及不同资源禀赋的特点决定了在一个组织体系内运行良好的制度规范同样适用于其他的集体行动组织。因此，如何根据不同组织以及个体的异质性特点，设计相应的激励制度，满足不同农户的成本收益需求，就成为集体行动成功的必不可少的条件。

第二节　异质性对农户参与生活垃圾集中处理合作影响的理论模型

异质性是指研究单元（个体与个体、群体与群体）之间的差异属性（宋妍和晏鹰，2011）。农户异质性的定义指的是由于农户家庭条件的不同从而产生的不同农户之间在参与集体行动中所表现出的动机和行为属性的差异（赵凯，2012）。由于农户异质性具有普遍性的特点，异质化已成为无法阻挡并长期存在的趋势（张靖会，2012；Berkhout et al.，2009）。然而，由于人们存在多种层次的异质性，以及不同层次异质性的交互影响，异质性与集体行动关系具有复杂性。这种复杂性由以下两方面形成：一是农户异质性并不是单维的，而是多维的。如农户的个体特征、资源禀赋、利益偏好和角色差异等都可能成为表征农户异质性的指标（黄胜忠和徐旭初，2008）。不同维度异质性对集体行动的作用机理并不相同，可能会引起集体行动的结果截然不同。二是农户合作供给不仅是个体决策行为，而且成员之间的行为存在交互影响，这种各层次的异质性以及不同群体中存在个体间的交互作用可能使集体行动结果存在多重均衡。正是这种复杂性导致了目前理论界对异质性特征与集体行为之间的关系存在不一致的结论。本书拟在农户异质性特征分类基础上，把表征不同维度的农户异质性特征指标引入计量模型中，观察因变量（农户合作行为）与农户异质性变量以及其他解释变量之间的关系和影响效果。

一　偏好异质性的影响

偏好异质性反映了不同主体价值观或者社会倾向的差异，是个体关于自利偏好还是利他偏好的不同选择。偏好异质性对个体是否参与公共产品的合作供给具有重要影响。彭长生和孟令杰（2007）认为，偏好异质性可以很好地解释集体行动的个体行为。建立在自涉与稳定的偏好假定下的主流经济学受到各方的质疑（周小亮等，2010）。一般分类中，将利他主义、公平偏好、对等偏好等非自利性偏好统称为社会偏好。传统经济学假设人都是理性人，即人都是自利的，但行为与实验经济学通过对互惠偏好、公平偏好与利他偏好的大量实证研究，证明了他涉偏好的存在，并在此基础上提供了经验支持与理论验证。费尔和施密特（Fehr and Schmidt，2003）的实验发现，在公共产品的博弈过程中，人们的公平偏好能够主导被试的"搭便车"机会主义动机，从而促使集体行动的实现，反映出偏好异质性对集体行动实现的影响。方福前（2001）也认为，传统经济学将经济人假设建立在自涉偏好上，不利于分析为何有些公共资源管理制度能够成功。因而，本书通过考察农户在秋收过程中主要采用互助的形式还是租赁收割机的方式来完成这一指标构建农户的公共产品和私人产品偏好。

二　资源禀赋异质性

集体行动中，个体资源禀赋的异质性对行动结果也会产生复杂的影响（彭长生，2008）。林坚和黄胜忠（2007）的研究发现，资源禀赋的差异导致合作社成员的要素投入、参与目的等各方面的不同。学者从资源禀赋异质性出发研究其对公共产品供给的集体行为选择问题，主要集中于收入或土地规模等维度。也有学者将资源禀赋异质性分为家庭人均收入水平、家庭固定资产规模等 13 个方面（赵凯，2012）。Chan 等（1999）考察了异质性与公共产品合作供给的关系，发现无论单方面还是共同考察收入与偏好异质性，两者都会增加居民的合作供给行为。收入异质性会作用于人们对公共产品供给的集体行为选择，是合作供给的一个主要影响因素。但收入异质性往往导致集体行动中获得高额收益的个体选择供给，而获得低收益的个体选择"搭便车"（Bandiera et al.，2006）。也有学者将资源禀赋异质性分为禀赋差异和出资差异两个方面（张靖会，2012）。艾萨克等（Isaac et al.，1988）和哈克特等（Hackett et al.，1994）用实验分析信息对称条件下财富的异质性会导致公共产品自愿供给的减少。百兰和普拉托（Baland and Platteau，1999）讨论了收入分配对共享资源总供给的影响，发现高份额占有者对共享资源产出的供给程度显著大于低份额占有者；加大收入分配的不均等程度，将有效地增加共享资源总供给量。由于我国的特殊国情，土地是农户重要的收入来源，是农户资源禀赋的主要赋存状态。此外，随着城市化以及工业化步伐的加快，非农收入越来越成为农户收入的重要组成部分，因此，本书用收入差异以及非农收入占总收入比重两个指标来表征资源异质性。

三 人力资本异质性

人力资本异质性指的是农户在人力资源赋存技能、教育程度、社会地位方面的差异。农户人力资本存在数量、质量、结构上的显著差异。关于异质性人力资本的分类，一部分学者将受教育年限、种族和年龄的差异作为衡量异质性的指标（Bellante，1979），或按照受教育程度的高低划分为高级、中级和初级三大类进行分析（Caselli & Coleman，2001），还有学者将异质性人力资本划分为教育型与健康型人力资本（杨建芳等，2006），基础人力资本和知识人力资本（高远东和花拥军，2012）。目前学术界衡量人力资本存量的方法大致分为三类，即教育存量法、收入法和成本法。由于教育存量法采用居民的平均受教育年限或总体受教育水平作为人力资本的度量指标，在具体的操作中较为方便且信息的准确率较高，本书也采用农户的受教育年限作为人力资本异质性的度量指标。由于我国二元分割的劳动力市场结构，不同劳动者在技能获得、就业机会、劳动报酬等方面存在差别，对人力资本异质性也产生了显著影响。劳动力市场分割包括城乡分割、地区分割、部门分割、体制性分割等不同类型，而我国的农户人力资本的劳动力市场分割主要以城乡分割为主。因此，本书采用是否有去城市打工的经历衡量农户的人力资本异质性。

四 社会资本异质性

基于社会偏好理论的模型中，促进合作的方式主要依靠社会资本。社会资本主要指个体与组织之间或者个体与个体之间通过社会网络、互惠的社会规范以及在长期的互动中所形成的信任，这种社会资源能够带给个体或组织相关的利益。其可以细分为网络、信任、规范等多种不同的表现形式。社会资本不是独立存在的，而是存在于社会结构之中，主要通过个体成员之间的互动合作来发挥作用。但社会资本也具有一定的负面因素，如科尔曼（2009）认为，社会资本"不仅阻碍了某种行为而且压制了其他行为"。波茨指出，社会资本虽然可以为团体成员带来利益，但也具有一定的消极作用，即社会资本通常对非成员设置进入障碍或者具有不断强化组织自身圈层结构的倾向，从而导致形成非开放系统，阻碍团体的可持续性发展。因此，对社会资本的研究，既应关注其积极方面，也不能忽略其消极方面，以应对农村公共产品集体行动的困境。借鉴王昕（2014）对社会资本的研究方法，本书主要从社会信任、社会参与维度、社会网络和社会声望四个维度测度农户社会资本拥有量，问卷中采用了李克特 7 点量表。异质性对农户参与集体行动影响的理论分析框架如图 6-1 所示。

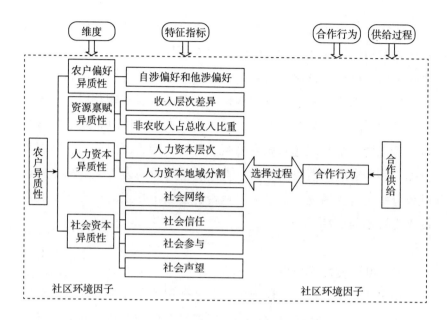

图 6 - 1 农户异质性与集体行动的理论分析框架

第三节 异质性对农户参与生活垃圾集中处理合作行为影响的实证分析

一 异质性测定方法与变量说明

（一）异质性测度方法

借鉴赵凯（2012）对农民专业合作社社员的异质性测定方法，设立农户异质性的判断矩阵 M。用 X_{ij} 表示第 i 个农户在第 j 项异质性方面的赋值，如 X_{11} 表示第一个农户在社会偏好方面的情况，然后对相应指标进行标准化处理，具体模型如下：

$$X'_{ij} = \frac{X_{ij} - X_{\min(i,j)}}{X_{\max(i,j)} - X_{\min(i,j)}} \quad (i = 1, 2, 3, \cdots, n) \quad (6-1)$$

式中，X'_{ij} 表示第 i 个农户对应的第 j 项异质性指标的标准化系数，$X_{\max(i,j)}$ 和 $X_{\min(i,j)}$ 分别表示第 i 个农户对应的第 j 项指标的最大值和最小值。在此基础上，计算农户异质性的标准差：

$$S_i = \sqrt{\frac{(X'_{ij} - X'_{ij})^2}{4}} \qquad (6-2)$$

式中，X'_{ij} 表示农户 i 的第 j 项指标的平均值。最后计算农户的异质性指数：

$$I_i = \frac{X'_{ij}}{S_i} \qquad (6-3)$$

式中，I_i 表示农户 i 的异质性指数。

（二）社会资本的测度

借鉴王昕（2014）对农村社区小型水利设施合作供给研究中社会资本的测度方法，将社会资本分为社会网络、社会信任、社会声望和社会参与四个维度。社会网络维度通过"您手机上的联系人总数"予以表征，按数量多少将其均分为七个等级，分别计为"1—7"，1 代表数量最少的等级；社会信任维度通过"您对普通农户的信任程度"予以表征；社会声望维度通过"农户家里有重大事情要决定时，找您商量的频繁程度"予以表征；社会参与维度通过"您参加本村村民的婚丧嫁娶等活动的频繁程度"予以表征。以上4个维度均为7点量表。

（三）变量说明

本书研究的因变量为农户生活垃圾集中处理合作行为，自变量的设定主要考虑农户基本特征、社区环境、服务运行情况、偏好异质性、资源禀赋异质性、人力资本异质性、社会资本异质性7个方面。调研数据的变量定义、统计性描述及其预期作用方向见表6－1。

二　异质性与农户参与生活垃圾集中处理的定量分析

分类评定（Logit）模型是离散选择法模型之一，属于多重变量分析范畴，是社会学、市场营销等统计实证分析的常用方法。

研究的被解释变量（因变量）是二分取值变量，即被解释变量为"农户生活垃圾集中处理合作行为"，当农户有合作行为时，取值为"1"；农户没有合作行为时，取值为"0"。

表 6－1　　　　　　　　　　变量说明和统计性描述

变量名称			变量代码	变量定义	均值	标准差	预期作用方向
因变量	农户生活垃圾集中处理合作行为		y	付费或投入劳动 =1，不付费且不投入劳动 =0	0.677	0.468	—
自变量	农户基本特征	性别	x_1	男 =1，女 =0	0.382	0.487	不明确
		年龄	x_2	18—30 岁 =1，31—45 岁 =2，46—60 岁 =3，61 岁及以上 =4	3.019	1.065	不明确
		村中职务	x_3	一般农户 =0，村干部或队长、组长 =1	0.567	0.497	正向
	社区环境	每天垃圾产生量	x_4	0—0.9 千克/人 =1，1—1.2 千克/人 =2，1.3 千克/人及以上 =3	2.095	0.793	正向
		村庄类型	x_5	普通乡村 =1，乡镇驻地 =2，城郊结合地 =3，既是乡镇驻地又是城郊结合地 =4	1.867	0.681	正向
		是否有乡镇企业	x_6	是 =1，否 =0	0.755	0.430	正向
	资源禀赋异质性	收入差异	x_7	农户收入与村庄平均收入的比值，并分为5 个等级，差距小 =1，较小 =2，一般 =3，较大 =4，很大 =5	2.990	1.304	正向

续表

变量名称			变量代码	变量定义	均值	标准差	预期作用方向
自变量	资源禀赋异质性	非农收入比重	x_8	非农收入占总收入的比重，并分为 5 个等级，差距小 = 1，较小 = 2，一般 = 3，较大 = 4，很大 = 5	2.691	1.451	负向
	人力资本异质性	人力资本层次	x_9	文盲 = 1，小学 = 2，初中 = 3，高中 = 4，大专及以上 = 5	2.677	1.065	正向
		人力资本地域分割	x_{10}	外出打工经历 = 1，无外出打工经历 = 0	0.746	0.436	不明确
	偏好异质性	他涉偏好与自涉偏好	x_{11}	农忙时互相帮助 = 1，农忙时雇佣收割机 = 0	0.629	0.484	正向
	服务运行情况	生活垃圾处理的及时程度	x_{12}	非常不及时 = 1，很不及时 = 2，一般 = 3，比较及时 = 4，非常及时 = 5	3.941	1.332	正向
		是否有随意倾倒垃圾现象	x_{13}	从不 = 1，偶尔 = 2，一般 = 3，经常 = 4	2.245	0.672	负向
	社会资本异质性	社会网络	x_{14}	—	4.397	1.754	不明确
		社会信任	x_{15}	—	4.235	1.684	不明确
		社会声望	x_{16}	—	3.159	0.974	不明确
		社会参与	x_{17}	—	3.563	1.744	不明确

该方法假定，解释变量与各被解释变量之间表现为线性关系，农户合作行为的二分选择能够通过逻辑斯蒂回归模型表示：

$$P\ (y=1)\ =\frac{e^{\alpha x}}{1+e^{\alpha x}} \qquad (6-4)$$

式中，P 表示在 $y=1$ 事件产生的概率；x 表示解释变量；α 表示参数向量。该模型用于解释事件发生的概率，可转换成为：

$$L_i = \alpha_0 + \alpha_1 x_{1i} + \alpha_2 x_{2i} + \cdots + \alpha_k x_{ki} + e_i \qquad (6-5)$$

式中，L_i 表示事件发生比（odds）的对数，$L_i = \ln\{P(y_i=1)|[1-P(y_i=1)]\}$，即参与概率与不参与概率的比值的对数（实际上 $L_i = \alpha x$；α_0，α_1，α_2，$\cdots$，α_k 分别为待估参数；x_1，x_2，$\cdots$，x_k 为解释变量；e_i 为随机扰动项）。模型的分析结果见表 6-2。

表 6-2　　　　　　　　Logit 模型的分析结果

解释变量		系数	标准差	P 值
农户基本特征	性别（x_1）	-0.9056***	0.2583	0.000
	年龄（x_2）	-0.0526	0.1322	0.691
	职务（x_3）	-0.8612**	0.4199	0.040
社区环境	垃圾产生量（x_4）	-0.0731	0.2008	0.716
	村庄类型（x_5）	0.1376	0.1991	0.490
	是否有乡镇企业（x_6）	-0.4140	0.2840	0.145
资源禀赋异质性	收入差异（x_7）	0.0405	0.0832	0.627
	非农收入比重（x_8）	-0.4216***	0.0927	0.000
人力资本异质性	人力资本层次（x_9）	-0.0042	0.0832	0.960
	人力资本地域分割（x_{10}）	-0.2364	0.2951	0.423
偏好异质性	他涉偏好与自涉偏好（x_{11}）	1.1787***	0.2877	0.000
服务运行情况	生活垃圾处理的及时程度（x_{12}）	0.3441*	0.1968	0.080
	是否有随意倾倒垃圾现象（x_{13}）	0.0896	0.0875	0.306
社会资本异质性	社会网络（x_{14}）	0.4203*	0.1822	0.021
	社会信任（x_{15}）	-0.3760**	0.1651	0.023
	社会声望（x_{16}）	0.0809	0.0910	0.374
	社会参与（x_{17}）	0.0574	0.0811	0.479
伪 R^2 = 0.1623				
对数似然值 = -221.8763				
LR = 85.98				
P >= 0.0000				

注：***、**、*分别表示在 1%、5% 和 10% 的显著性水平下显著。

（一）农户基本特征

在农户个体及家庭特征中，性别对农户的参与行为具有显著影响，表明女性具有更强的参与行为。年龄没有显著影响。在村中是否担任相关职务在1%的显著性水平下显著，呈负相关关系，反映出村干部在集体行动中并没有发挥积极作用。这主要是由于现阶段农村生活垃圾集中处理的合作供给中，主要以政府制度供给为主，村干部在实施过程中具有较高的"话语权"，对于合作的发起与形成具有重要的影响。但村庄精英的参与可能导致"精英俘获"的现象，从而使村中是否担任领导职务与参与行为呈现负相关关系。

（二）资源禀赋异质性

资源禀赋异质性对农户合作行为的影响未通过显著性检验。从收入结构上来看，非农收入比重与农户生活垃圾集中处理合作行为负相关，通过1%显著性水平下的显著性检验。这主要是由于以非农收入为主的农户往往以第三产业或外出务工为主要收入，参与农业生产的比例较低，在农村社区居住的概率相对较小，其合作行为与收入结构负相关，反映出收入结构的异质性会作用于人们对公共产品供给的集体行为选择，对集体行动的实现产生复杂的影响。

（三）人力资本异质性

人力资本层次并未通过检验，说明农户受教育程度的异质性对农户合作行为并未产生直接的影响。人力资本地域分割（是否有外出打工经历）未通过显著性检验。

（四）偏好异质性

偏好主要来源于经济学的效用理论，作为经济学的核心概念之一，长期以来对偏好的研究主要集中在自涉、稳定、外生、同质四个方面。然而，自涉偏好及其选择导致对现实社会中个体的合作行为解释不够全面，无法解释在很多发展中国家日益兴起的准公共产品的集体行动成为可能的问题。偏好异质性在1%的显著性水平下通过检验，恰恰证明了集体行动的实现既需要自涉偏好，也需要他涉偏好。实地调研也发现，调研区存在对等偏好的情况。在农村社区中，由于传统的地缘、血缘等关系的交互作用，目前普遍存在强互惠偏好，如在农忙季节的互相帮助、婚丧嫁娶的互惠等，具有亲社会情感的个体往往会对"搭便车"的个体实施利他主义惩罚，即个体对"搭便车者"实施惩罚，使其背负违背公序良俗及群体利益的惩罚代价。调研发现，所在村庄一旦大部分农户参与生活垃圾的集中处理，其他不愿意参与的农户往往也会迫于压力缴纳相关的垃圾处理费用，否则往往会导致被排斥或其他集体利益被剥夺。

（五）社会资本异质性

社会网络在10%的显著性水平下通过检验，说明在生活垃圾集中处理合作供给中，农户占有的不同网络通过合作供给发挥的网络协同效应越强，越有可能参与生活垃圾集中处理的合作供给。社会网络异质性对农户的参与行为起到促进作用，与预测方向一致。这主要是由于中国作为传统的乡土社会，更多的是基于血缘、地缘与业缘联系在一起的，这种连接成为社会网络的基础。农户对不同社会网络的构建以及在这种构建中对某种社会网络的占用有利于集体行动社会结构的形成，从而对农户的自身发展和环境基础设施合作行为的延续起着重要作用，这也反映出中国传统社会所形成的社会网络构成了农户合作的社会基础。社会信任异质性在5%的显著性水平下通过检验，证实了埃莉诺·奥斯特罗姆（2010）的社会信任通过低成本的合作而有利于实现集体行动的这一关键论断。社会信任是集体行动的关键，农户正是基于对等的社会信任才形成了合作的基础。社会参与异质性和社会声望异质性未通过显著性检验，可能的原因是社会参与和社会声望是建立在互惠基础上的，而农户的小农心理和"搭便车"行为都大大弱化了农户对社会声望积累的动力，加之青壮年农户往往都在外打工，在村集体事务方面很难给予及时的帮助与回馈。

（六）服务运行情况

农村生活垃圾集中处理合作供给是建立在相应的激励制度安排基础上的农户决策行为选择的过程。实地调研发现，农村社区环境基础设施合作供给内源性激励强度较弱，实施外源性激励制度有利于生活垃圾集中处理合作的可持续性发展，如生活垃圾基础设施的供给，需要依靠不同的制度安排以实现农村环境基础设施合作供给的成本分担与收益共享，并对合作行为给予鼓励以及对机会主义行为给予惩罚，如随意倾倒垃圾现象、环境污染纠纷等。在影响农户参与生活垃圾集中处理合作供给行为的外源性激励因素中，生活垃圾处理的及时程度具有显著影响，在10%的显著性水平下通过检验，反映出生活垃圾集中处理的高效运行有利于提高环境质量水平，从而改变农户认知，增加其合作供给的概率。所以，社区在生活垃圾集中处理过程中的监督、服务等功能的完善会对农户合作产生正向促进作用，以降低交易成本。是否有随意倾倒垃圾现象未通过显著性检验。实地调研发现，在生活垃圾清运不及时或者农户随意倾倒垃圾的村庄，往往下一轮垃圾缴费难度大大增加。农户作为有限的理性经济人，参与集体行动往往从短暂的和局部的层次进行成本收益比较，当认为参与的成本大于收益时，往往会采取"搭便车"或投机的行为，从而引起参与者的组织成本提高，导致农户参与行为的下降，集体行动失败。虽然区政府采取了"一月一督查"的方案，但由于生活垃圾的处理事关农户日常生活，政府以及农户之间的监督状况对农户生活垃圾处理参与行为具有很大的影响。因此，生活垃圾的处理越及时，"搭便车"的行为越少，生活垃圾集中处理顺利进行也就越有保障，农户的参与率也就越高。

第四节　本章小结

　　农户生活垃圾集中处理的合作行为受多种因素的影响。随着市场经济改革的不断深入以及农村社会的转型，异质性导致集体行动产生多重均衡。本章将农户异质性划分为资源禀赋异质性、偏好异质性、社会资本异质性和人力资本异质性四个方面，构建异质性与集体行动关系的理论分析框架。利用河南省荥阳市 421 名农户调查数据,从农户异质性的视角,采用分类评定模型实证分析资源禀赋异质性、偏好异质性、社会资本异质性以及人力资本异质性对农村生活垃圾集中处理农户合作行为的影响。研究结果表明,资源禀赋异质性中的非农收入比重与农户的合作行为负相关;人力资本异质性对农户参与生活垃圾集中处理影响并不显著;社会资本各维度中网络维度异质性与农户的合作行为正相关,而信任维度异质性与农户的合作行为负相关。农户参与集体行动的行为逻辑不仅有自身的理性考虑,同时也受社会环境等社会资本因素的影响。随着社会的转型,农户已经在多个方面出现了分化,农村生活垃圾集中处理是多维农户异质性共同作用下的众多单个农户行为选择的"总和"。农户异质性对农村社区基础设施合作供给影响具有复杂性特征,有时某一维度的异质性会促进集体行动的产生,而另一维度的异质性对集体行动起到抑制作用。外源性激励因素如生活垃圾集中处理的制度安排对农户的合作行为产生积极影响。

第七章　农户合作参与农村生活垃圾集中处理效果评价

　　实施城乡一体化的公共产品供给制度是降低城乡差距，提高农村地区生态文明水平的重要制度改革方向。实施农村生活垃圾集中处理制度创新极大地提高了农村居民的生活质量，如何保证相关制度的可持续性发展就需要对该制度的实施情况进行系统评价。面对中央对农村环境问题重视程度不断提高的现实，探讨公共产品供给绩效的评价问题就成为目前理论与实践亟须解决的现实问题。因此，对农户合作参与农村生活垃圾集中处理的绩效进行评价，有利于提高公共产品的供给水平，增加公共产品的利用效率，完善农村公共产品供给制度。

　　生活垃圾集中处理效果评价是判断组织合作水平与组织效率的关键（黄祖辉、扶玉枝，2013）。本章运用模糊综合评价法对荥阳市农户合作参与农村生活垃圾集中处理的效果进行定量的分析与评价，剖析农村生活垃圾集中处理中不同因素对处理效果的影响程度，提出加强农村生活垃圾集中处理的政策建议。

第一节　指标选取

一　村庄基本特征

村庄基本特征包括村庄的自然条件、经济水平以及社会资本。

调查结果显示，村庄属于平原农业种植区，土地肥沃，煤矿、铝矿等矿产资源比较丰富，同时乡村道路条件较好，致使垃圾周转车辆进入较为方便；村庄为自然村，乡镇驻地或者城郊接合地的村庄较少，农户原先主要以务农为主，村庄的乡镇企业近几年逐渐增多。随着土地流转规模的扩大，到本地或外出打工的农户逐年增加。农户之间社会信任度较好，安居乐业，生活较为和谐。

二 社会制度环境

社会制度环境包括政策的支持程度和社会服务体系。荥阳市颁布了一系列的农村生活垃圾整治相关政策，并且对农村生活垃圾的集中处理提供了一定的补贴和财政支持。农户具有较高的政策满意度，评价为"很满意"和"非常满意"的比例达45.13%；但农户对开展生活垃圾集中处理的满意度一般，较不满意的比例超过30%，表明在实施生活垃圾集中处理的过程中，需要多跟农户沟通，更加贴近农户的需要和实际，采用更有针对性的措施提高生活垃圾处理的效率，从而有效满足农户的需求，提高农户参与生活垃圾集中处理的满意率。

三 农户基本特征

农户基本特征包括农户个人特征以及家庭经济特征。在421名被调查农户中，女性比例大于男性，占61.76%；年龄以中年为主，18—60岁农户占调查样本的63.63%；84.79%的农户身体健康；在受教育程度上，以初中、小学文化程度为主，占71.97%；在家庭规模上，63.42%农户以4—6人的中小型家庭为主，每年在本村的居住时间在9个月以上的占50.59%；农户自家经营土地的占67.93%；家庭年人均纯收入1.2万元以下的占31.82%；48.93%的家庭非农收入占总收入的比重大于50%。

四　农户认知程度

农户的认知程度包括农户的环保意识和参与程度。调查显示，63.66%的人认为随意倾倒垃圾容易引起传染病；77.91%的农户认为生活垃圾随意倾倒会影响到日常生活；33.97%的农户认为本村的生活环境一般；农户的参与程度较高，52.97%的农户平时关注过周围村里的生活垃圾处理；超过80%的农户愿意积极地参与生活垃圾的处理。说明农户的环境保护意识较好，并且愿意参与到生活垃圾的处理中去。

五　垃圾处理现状

垃圾处理现状包括政策宣传、投入力度、筹资方式、设施建设、处理过程、处理监督六个方面。由调查可知，村庄进行生活垃圾集中处理政策宣传的次数较少；主要是在上级下来检查时会加大宣传力度，农村生活垃圾处理上的投入力度一般；村里的垃圾处理日常运转的维护由国家划拨专项资金；专门的生活垃圾处理设施较少，主要由政府部门发起；农户筹资主要解决保洁员的工资和日常性清扫工具购置问题；垃圾处理的方式中83%的农户会丢弃至垃圾池或垃圾点，垃圾处理的效率相对较低，垃圾池时有堆满现象；缺乏对垃圾处理的监督。

六　垃圾处理效果

垃圾处理效果主要包括农村生活垃圾处理及时程度、环境改善程度以及农户满意程度。目前52.97%的农户认为垃圾的处理及时程度低；24.23%认为目前生活垃圾集中处理对环境改善程度较低；34.92%农户对生活垃圾的处理效果表示"基本满意"，32.07%的农户表示"较不满意"，不满意的主要原因是垃圾清扫不及时（31.85%）以及倾倒距离太远（42.28%）。

第二节 指标体系构建

　　根据对实地调研结果的分析，主要选取包括影响农户合作参与治理的个体因素和环境因素作为农户合作参与农村生活垃圾集中治理效果评价指标。其中包括村庄基本特征（自然条件、经济水平、社会资本）、社会制度环境（政策支持程度、社会服务体系）、农户基本特征（农户个人特征、家庭经济特征）、农户认知程度（农户环保意识、农户参与程度）、垃圾处理现状（政策宣传、投入力度、筹资方式、设施建设、处理过程、处理监督）、垃圾处理效果（处理清洁程度、环境改善程度、农户满意程度）。对农户合作参与农村生活垃圾集中处理效果评价指标体系构建如下（见表 7 - 1）。

表 7 - 1　　农户合作参与农村生活垃圾集中处理效果评价指标体系

目标层	准则层	指标层
U 农户合作参与农村生活垃圾集中处理效果	U_1：村庄基本特征	U_{11}：自然条件
		U_{12}：经济水平
		U_{13}：社会资本
	U_2：社会制度环境	U_{21}：政策支持程度
		U_{22}：社会服务体系
	U_3：农户基本特征	U_{31}：农户个人特征
		U_{32}：家庭经济特征
	U_4：农户认知程度	U_{41}：农户环保意识
		U_{42}：农户参与程度
	U_5：垃圾处理现状	U_{51}：政策宣传
		U_{52}：投入力度
		U_{53}：筹资方式
		U_{54}：设施建设
		U_{55}：处理过程
		U_{56}：处理监督

目标层	准则层	指标层
U 农户合作参与农村生活垃圾集中处理效果	U$_6$：垃圾处理效果	U$_{61}$：处理清洁程度
		U$_{62}$：环境改善程度
		U$_{63}$：农户满意程度

该指标体系分为三层：第一层是目标层，即农户合作参与农村生活垃圾集中处理效果；第二层为准则层，主要包括村庄基本特征、社会制度环境、农户基本特征、农户认知程度、垃圾处理现状、垃圾处理效果六个方面；第三层为具体的指标层，主要包括各准则层下属的指标，共 18 项。

第三节　评价模型

通过分析可知，农户合作参与农村生活垃圾集中处理效果综合评价是对以上各种因素的综合考量，从多个方面对生活垃圾集中处理效果进行评价，有利于获得更为全面客观的评价结果。模糊综合评价主要适用于不同因素相互影响、相互制约情境下组织运行效果的总体评价。因此，本书应用模糊综合评价模型对农户合作参与农村生活垃圾集中处理进行效果评价。

一　确定评价对象、因素与评语

评价对象为农户合作参与农村生活垃圾集中处理。评价对象的因素为表 7-1 中的 18 种因素，建立因素集 $U = \{u_1, u_2, \cdots, u_{18}\}$，$u_i$ 表示与第 i 个因素。

结合基本情况，本书选择评语为"很好""较好""中等""较差""很差"五个等级，定义评语集为 $V = \{v_1, v_2, \cdots, v_5\}$，其中 v_1 表示"很好"，v_2 表示"较好"，v_3 表示"中等"，v_4 表示"较差", v_5 表示"很差"。

二 权重的计算

通常来说,计算指标权重时主要有两种方法可以选择,分别是层次分析法与熵权法。层次分析法主要运用于需要进行较多主观判断的领域,对专家的专业知识与经验积累等要求较高,并通过不同专家的打分与判断确定合适的权重指标,但由于专家的评分多是基于自身的经验和判断,因此,权重指标的确定客观性不是很高。熵权法则主要依据被评价对象的各项指标值的实际差异来确定各指标的权重,从被评价对象即参与者自身实际体会与参与出发,相对而言计算得出的各指标权重更加具有科学性与客观性。因此,本书选用熵权法来确定各指标的权重。

熵权法具体的计算方法如下。

如果系统可能处于多种不同的状态,每种状态出现的概率为 P_i ($i=1$,2,…,m)时,系统的熵为:

$$E = -k\sum_{i=1}^{m} P_i \ln P_i \tag{7-1}$$

式中设有 m 个待评价的状态,n 个评价指标,则数据是一个 $m \times n$ 阶的矩阵,即 $A = (a_{ij})_{m \times n}$,某个指标 a_j 的信息熵为:

$$E_j = -k\sum_{i=1}^{m} P_{ij} \ln P_{ij} \tag{7-2}$$

式中,P_{ij} 指第 j 项指标下第 i 种状态指标的比重,即:

$$P_{ij} = a_{ij} / \sum_{j=1}^{n} a_{ij} \tag{7-3}$$

式中,k 是系数,取 $k = 1/\ln n$。

第 j 个指标的熵权定义为:

$$w_E^j = (1 - E_j) / \sum_{j=1}^{n} (1 - E_j) \tag{7-4}$$

式中,w_E^j 是因素 u_i 的权重。

在所评价的样本中,同一指标之间的数值差别越大,则权重越大。

由于不同影响因素在评价对象中的作用大小与赋值水平各不相同，往往对不同重要程度的指标进行两两对比，采用逐个分析的方法，从而获得各因素赋予权重的差异，这种方法也称为相关重要程度或相关等级法。

对重要性的对比和判断，需要建立相对重要性判断矩阵，然后将各个因素的相对重要性 a_{ij} 取值并填入表中，a_{ij} 的判断矩阵标度采用 1-9 标度法（见表 7-2）。

表 7-2　　　　　　　　　判断矩阵标度及含义

标度	含义
1	两个因素相比，具有同等重要性
3	两个因素相比，一个因素比另一个稍微重要
5	两个因素相比，一个因素比另一个明显重要
7	两个因素相比，一个因素比另一个强烈重要
9	两个因素相比，一个因素比另一个绝对重要
倒数	因素 r_i 与 r_j 比较得 r_{ij}，则 r_j 与 r_i 比较得 $r_{ji} = 1/r_{ij}$

2、4、6、8 介于上述两个相邻判断尺度的中间。

于是可以确定荥阳市农户参与农村生活垃圾集中处理指标体系中各指标权重如下（见表 7-3）。

表 7-3　　　　　　　　指标体系中各指标的权重

目标层	准则层	指标层	权重	
			指标层	准则层
U 农户合作参与农村生活垃圾集中处理	U_1：村庄基本特征	U_{11}：自然条件	0.3	0.10
		U_{12}：经济水平	0.4	
		U_{13}：社会资本	0.3	
	U_2：社会制度环境	U_{21}：政策支持程度	0.6	0.15
		U_{22}：社会服务体系	0.4	

续表

目标层	准则层	指标层	权重	
			指标层	准则层
U 农户合作参与农村生活垃圾集中处理	U_3：农户基本特征	U_{31}：农户个人特征	0.6	0.05
		U_{32}：家庭经济特征	0.4	
	U_4：农户认知程度	U_{41}：农户环保意识	0.5	0.20
		U_{42}：农户参与程度	0.5	
	U_5：垃圾处理现状	U_{51}：政策宣传	0.2	0.25
		U_{52}：投入力度	0.2	
		U_{53}：筹资方式	0.1	
		U_{54}：设施建设	0.2	
		U_{55}：处理过程	0.2	
		U_{56}：处理监督	0.1	
	U_6：垃圾处理效果	U_{61}：处理清洁程度	0.3	0.25
		U_{62}：环境改善程度	0.3	
		U_{63}：农户满意程度	0.4	

三 单因素判断

单因素判断主要用于分析各因素对各评价对象的作用程度。通过对影响因素与评价对象进行分别选择与匹配，并对影响当前该因素的状况以及对评价对象的影响进行判断，判断的类别根据不同标准可以做出从低到高的选择。根据专家的评语进行归一化处理，从而得到该因素的影响向量 $r_i = (r_{i1}, r_{i2}, r_{i3}, r_{i4}, r_{i5})$，其分别表示因素 u_i 对当前评价对象的隶属度分别为很好、较好、中等、较差、很差。

将所有因素组合后可以得出对评价对象 f_i 的评价矩阵 R_i：

$$R_i = \begin{bmatrix} r_{1,1} & r_{1,2} & r_{1,3} & r_{1,4} & r_{1,5} \\ \cdots & \cdots & \cdots & \cdots & \cdots \\ r_{18,1} & r_{18,2} & r_{18,3} & r_{18,4} & r_{18,5} \end{bmatrix} \qquad (7-5)$$

四　综合判定

分别将权重向量和评价矩阵进行复合运算就可得出各个评价对象的评价结果 B_i：

$$B_i = W_E^i \cdot R_i \qquad (7-6)$$

对不同因素的考虑需要综合判断，主要采用加权平均法进行综合评价，即复合运算为普通的矩阵相乘运算。综合得分的计算主要采用区间最大值法，以对最后结果进行转化。首先对 B_i 进行归一化处理，并取分数区间为：

90 分为很好；80 分为较好；70 分为中等；60 分为较差；50 分为很差。

区间最大值矩阵为：

$$M = \begin{bmatrix} 90 \\ 80 \\ 70 \\ 60 \\ 50 \end{bmatrix} \qquad (7-7)$$

评价对象 f_i 的最终结果分数为：

$$f_i = B_i \times M \qquad (7-8)$$

本书运用模糊综合评价法对荥阳市农户合作参与农村生活垃圾集中处理效果进行综合评价实证研究，为农户合作参与农村生活垃圾集中处理的效果评价提供了可供借鉴的经验。

第四节　综合评价结果分析

下面运用模糊综合评价法对荥阳市农户合作参与生活垃圾处理效果进行综合评价。模型中用到的数据来自问卷调查。首先确定评语集 P = ｛很好，较好，中等，较差，很差｝，等级分值矩阵相应设定为 F = （90，80，70，60，50）。随后确定单因素评估矩阵。分别邀请荥阳市环保部门的五名工作人员及调研的五个地区的村干部作为专家对各指标进行评语等级的评定。将荥阳市调研数据提供给各位专家后，对专家的评定结果进行数据统计，可以得到二级指标的模糊评价矩阵。荥阳市农户合作参与农村生活垃圾集中处理效果综合评价见表 7 - 4。

表 7 - 4 荥阳市农户合作参与农村生活垃圾集中
处理效果综合评价

目标层	准则层	指标层	评价等级					权重	
			很好	较好	中等	较差	很差	指标层	准则层
U 农户合作参与农村生活垃圾集中处理效果	U_1：村庄基本特征	U_{11}：自然条件	0.2	0.3	0.3	0.2	0.0	0.3	0.10
		U_{12}：经济水平	0.2	0.3	0.4	0.1	0.0	0.4	
		U_{13}：社会资本	0.0	0.2	0.5	0.3	0.0	0.3	
	U_2：社会制度环境	U_{21}：政策支持程度	0.4	0.2	0.3	0.1	0.0	0.6	0.15
		U_{22}：社会服务体系	0.1	0.3	0.3	0.3	0.0	0.4	
	U_3：农户基本特征	U_{31}：农户个人特征	0.0	0.1	0.3	0.6	0.0	0.6	0.05
		U_{32}：家庭经济特征	0.0	0.1	0.5	0.2	0.2	0.4	
	U_4：农户认知程度	U_{41}：农户环保意识	0.0	0.3	0.5	0.1	0.1	0.5	0.20
		U_{42}：农户参与程度	0.2	0.2	0.4	0.2	0.0	0.5	
	U_5：垃圾处理现状	U_{51}：政策宣传	0.0	0.0	0.3	0.5	0.2	0.2	0.25
		U_{52}：投入力度	0.3	0.2	0.3	0.2	0.0	0.2	
		U_{53}：筹资方式	0.0	0.1	0.2	0.4	0.3	0.1	
		U_{54}：设施建设	0.1	0.3	0.4	0.2	0.0	0.2	
		U_{55}：处理过程	0.0	0.0	0.3	0.3	0.1	0.2	
		U_{56}：处理监督	0.0	0.0	0.5	0.3	0.2	0.1	
	U_6：垃圾处理效果	U_{61}：处理清洁程度	0.0	0.1	0.3	0.4	0.2	0.3	0.25
		U_{62}：环境改善程度	0.0	0.2	0.5	0.2	0.1	0.3	
		U_{63}：农户满意程度	0.0	0.2	0.3	0.4	0.1	0.4	

下面对荥阳市农户合作参与生活垃圾集中处理效果评估进行

计算。

$$R_1 = \begin{bmatrix} 0.2 & 0.3 & 0.3 & 0.2 & 0.0 \\ 0.2 & 0.3 & 0.4 & 0.1 & 0.0 \\ 0.0 & 0.2 & 0.5 & 0.3 & 0.0 \end{bmatrix} \quad R_2 = \begin{bmatrix} 0.4 & 0.2 & 0.3 & 0.1 & 0.0 \\ 0.1 & 0.3 & 0.3 & 0.3 & 0.0 \end{bmatrix}$$

$$R_3 = \begin{bmatrix} 0.0 & 0.1 & 0.3 & 0.6 & 0.0 \\ 0.0 & 0.1 & 0.5 & 0.2 & 0.2 \end{bmatrix} \quad R_4 = \begin{bmatrix} 0.0 & 0.3 & 0.5 & 0.1 & 0.1 \\ 0.2 & 0.2 & 0.4 & 0.2 & 0.0 \end{bmatrix}$$

$$R_5 = \begin{bmatrix} 0.0 & 0.0 & 0.3 & 0.5 & 0.2 \\ 0.3 & 0.2 & 0.3 & 0.2 & 0.0 \\ 0.0 & 0.1 & 0.2 & 0.4 & 0.3 \\ 0.1 & 0.3 & 0.4 & 0.2 & 0.0 \\ 0.0 & 0.3 & 0.3 & 0.3 & 0.1 \\ 0.0 & 0.0 & 0.5 & 0.3 & 0.2 \end{bmatrix} \quad R_6 = \begin{bmatrix} 0.0 & 0.1 & 0.3 & 0.4 & 0.2 \\ 0.0 & 0.2 & 0.5 & 0.2 & 0.1 \\ 0.0 & 0.2 & 0.3 & 0.4 & 0.1 \end{bmatrix}$$

由表 7 – 4 可知，二级指标权重为：

$A_1 = (0.3, 0.4, 0.3)$，$A_2 = (0.6, 0.4)$，$A_3 = (0.6, 0.4)$，$A_4 = (0.5, 0.5)$，$A_5 = (0.2, 0.2, 0.1, 0.2, 0.2, 0.1)$，$A_6 = (0.3, 0.3, 0.4)$

可得：

$$G = \begin{bmatrix} A_1 \times R_1 \\ A_2 \times R_2 \\ A_3 \times R_3 \\ A_4 \times R_4 \\ A_5 \times R_5 \\ A_6 \times R_6 \end{bmatrix} = \begin{bmatrix} 0.14 & 0.27 & 0.40 & 0.19 & 0.00 \\ 0.28 & 0.24 & 0.30 & 0.18 & 0.00 \\ 0.00 & 0.10 & 0.38 & 0.44 & 0.08 \\ 0.10 & 0.25 & 0.45 & 0.15 & 0.05 \\ 0.08 & 0.17 & 0.34 & 0.30 & 0.11 \\ 0.00 & 0.17 & 0.33 & 0.31 & 0.13 \end{bmatrix}$$

由表 7 – 4 可知，一级指标权重为：

$A = (0.10, 0.15, 0.05, 0.20, 0.25, 0.25)$

可得：$G = A \times R = (0.096, 0.203, 0.362, 0.251, 0.074)$

最后可得：

$$T = F \times G^T = \begin{bmatrix} 90 & 80 & 70 & 60 & 50 \end{bmatrix} \times \begin{bmatrix} 0.096 \\ 0.203 \\ 0.362 \\ 0.251 \\ 0.074 \end{bmatrix} = 68.92$$

从对表 7 - 4 的评价得分可以看出，荥阳市农户合作参与农村生活垃圾集中处理效果评价得分处于中等和较差之间，说明荥阳市农户合作参与农村生活垃圾集中处理仍需要进一步加强和发展。

（1）村庄基本特征的评价结果为"中等"（0.14，0.27，0.40，0.19，0.00），说明荥阳市农户合作参与农村生活垃圾集中处理过程中，村庄的自然资源、经济条件和社会资本为农户合作参与农村生活垃圾集中处理提供了较好的外部条件，表明环境公共产品的自主治理需要良好的外部经济、社会条件作为基础，从而有利于保障集体行动的持续进行。

（2）社会制度环境的评价结果为"中等"（0.28，0.24，0.30，0.18，0.00），说明荥阳市颁布的一系列农村生活垃圾整治相关政策和提供的补贴和财政支持对荥阳市农户合作参与农村生活垃圾集中处理起到了一定的推动作用。调研也发现，农村生活垃圾的自主处理急需相关社会服务体系如推进垃圾焚烧厂的建设和垃圾分类工作等的对接与配合，由于日垃圾产生量巨大，有些村只是将垃圾统一堆放在离村庄较远的地方，并未真正实现垃圾的减量化、资源化和生态化处理。

（3）农户基本特征的评价结果为"较差"（0.00，0.10，0.38，0.44，0.08），说明农户的知识文化水平和家庭的经济发展水平仍然需要进一步提高。农民文化程度是影响农村环境的重要因素（周培培等，2013）。河南省农村人力资源中接受过各种专业培训的人数只占农村人口的 1/3，无法满足农村生态文明建设的要求。调研中，农户普遍遵循传统的垃圾归大堆习惯，对垃圾分类、循环利用、无害化焚烧等不了解，已成为影响生活垃圾集中处理发起的重要因素。因此，如何提高农户的科技素质，对农户接受新的垃圾处理与分类方式进行引导，促进农村环境的改善是目前亟须解决的现实问题。

（4）农户认知程度的评价结果为"中等"（0.10，0.25，0.45，0.15，0.05），说明调研区农户具有一定的环境保护意识，能够参与到农村生活垃圾处理的过程中去。然而调研中也发现，农户多年已经养成的生产生活习惯较难在较短的时间内改变，部分农户将垃圾扔到垃圾池外边，存在随手乱扔垃圾的现象。此外，农忙时节也有偷偷焚烧秸秆的现象。这些现象反映出农民的环保意识仍然需要提高，否则将制约农村环境、生态文明建设的进程。更严重的是农户的参与意识需要提高，农户在参与集体事务时主人翁意识、自主意识不足，往往具有从众心理，加之农户所固有的小农意识，往往较多考虑个人利益，面对集体行动的问题时，往往陷入集体行动的困境。

（5）垃圾处理现状的评价结果为"较差"（0.08，0.17，0.34，0.30，0.11），说明目前荥阳市的农村生活垃圾处理依然面临着不少问题，如政策宣传不到位，垃圾处理监督缺位等。第一，农村生活垃圾集中处理资金需求量较大。标准人均日产生垃圾量为1.0—1.2千克/人/天，按照人均1.0千克/人/天，调研地运输费16元/吨，年运输费即高达百万元，每个乡镇还需配备转运设施，为保证清洁的效果，显然需要进一步加大财政投入。此外，除加大政府拨款力度、农户自主筹资外，筹资方式有待改善，形成连续性的资金投入机制是垃圾集中处理持续运转的重要保证。现有情况是，当地政府的项目资金一旦减少，农户的自筹资金就很难维持。第二，目前调研地的垃圾处理仍然是单纯的填埋或焚烧处理，尚未将垃圾分类回收、变废为宝。尽管正在建设无害化垃圾焚烧发电厂，但就目前巨大的垃圾产生量而言，绝大部分村庄的垃圾收集和短距离清运的资金缺口依然巨大。第三，设施的建设仍需完善，垃圾处理效率需要提高。第四，处理的监督力度需要加强。第五，农村对垃圾集中处理流于运动式和标语式的宣传,仍没有真正起到深入人心的作用,就地焚烧垃圾现象难以杜绝。

(6)垃圾处理效果评价结果为"较差"(0.00,0.17,0.33,0.31,0.13),说明垃圾处理的清洁程度需要提高。这与保洁员因工资不能定期足额发放而影响清扫效果有很大关系;保洁员是否按时出勤并没有特别的约束激励措施,造成了他们在清洁过程中投机现象的不时发生;部分农户不按照相关规定对垃圾实施定点倾倒,导致参与生活垃圾集中处理的农户心理不平衡。因此,应完善生活垃圾集中处理费用支付制度,保证保洁员工资的正常发放,从而保证垃圾清扫处理的效果,以求提高农户的心理满意度。实际调研中也发现,垃圾转运过程中未实施封闭运输,导致垃圾沿路撒漏现象,引起部分农户的不满,导致垃圾集中处理效果不佳。

总体而言,村庄的自然资源、经济条件和社会资本为农户合作参与农村生活垃圾集中处理提供了外部条件;农村生活垃圾整治相关政策和一定的财政支持会对农户合作参与农村生活垃圾集中治理起到推动作用。农户的环境保护意识和农村生活垃圾处理的参与程度是农户合作参与农村生活垃圾集中治理的关键因素;较高的农户知识文化水平和家庭经济发展水平是提升环境保护意识和参与度的基础。目前,农户合作参与农村生活垃圾处理面临着不少问题;垃圾处理的清洁程度需要提高,对环境的改善仍然需要加强,农户的心理满意度水平仍然较低。

本质上说,主要是由于乡村集体行动组织内部权力配置的非均衡性,农户与政府、市场以及相关社会组织等治理主体之间的沟通效率较低导致组织成本过高。具体而言,以政府主导的传统治理模式往往渗透到这一外部性较强的公共产品自组织提供模式中,而政府与农户之间往往处在利益结构的两极,导致乡村社区内部结构的混乱与紧张,而在集体行动具体实施的过程中,农户委员会、农户合作组织以及农户、政府等各行为主体的决策目标不同,导致其治理行为中资源配置方式与组织效率的改变,容易引发公共产品的供给困境，导致集体行动的失败。究其原因主要有：一是乡村缺乏相对完善的市场或公共产品自主供给的渠道与环境；二是在政府与农户的资源博弈中，农户往往处于弱势地位，政府"自下而上"的改革实施起来困难重重。

第五节　本章小结

生活垃圾集中处理本质上是混合公共产品，往往采取市级政府支持、县政府补助、镇里配套和村里自主筹措的方式来解决。村里自主筹措的部分往往需要通过农户参与的方式来解决，借助村委会的力量或村庄精英的力量，保障生活垃圾集中处理的日常运营。但由于农户认知、村庄环境等的影响，如何维护农户的合作行为是现实中亟待解决的问题。因为面临着需求难以协调、投机、"搭便车"等问题，农户的合作意愿与合作行为难以整合，最终导致集体行动的失败。因此，对集体行动成功的农户参与生活垃圾集中处理效果进行评价，有利于发现生活垃圾集中处理中影响其治理效果的主要因素。研究发现，村庄外部条件的优化有利于提高治理效果。然而，提高农户的环保意识与参与积极性对治理效果具有关键性的影响。建议着力提高农户收入与受教育水平、强化农户的生活垃圾集中处理的生态环境改善认知，改善外部环境，从而提高农户生活垃圾集中处理的效果。

第八章　结论、政策建议与研究展望

第一节　结论

本书以农村生活垃圾集中处理的农户合作行为为研究主题，梳理社会资本、农户合作理论等相关文献，将乡村公共空间分为时间、空间、开放三个维度，沿着农户合作的困境—合作的影响因素—合作效果评估—制度创新这条内在的逻辑线路展开研究。以河南省荥阳市的农户问卷调查为例，并利用潜变量方法对研究数据进行处理，分析农户合作参与垃圾治理意愿、行为与效果之间的相互关系。以农村生活垃圾集中处理为研究对象，指出现存生活垃圾集中处理的合作供给存在政府供给效率低下、农户存在"搭便车"心理、集体决策困难等问题。在此基础上，利用计量学经济模型实证分析农村生活垃圾集中处理发起阶段的困境，探讨公共空间与社会资本对生活垃圾集中处理形成的影响，分析农户生活垃圾集中处理的合作行为逻辑，并对生活垃圾集中处理的效果进行评估，为实现环境公共产品合作发起和组织运行过程中农户意愿与行为的整合提供实证依据。通过细化研究集体行动中公共产品的农户合作供给行为，阐明中国情景下集体行动生成的微观机理，从而在一定程度上丰富集体行动理论。得出如下结论：

（1）现阶段农村生活垃圾集中处理以政府供给为主，但农户合作供给已经在部分地区实施，农户参与合作供给的意愿较强，但是支付金额并不高，支付金额与其支付意愿大体持平，维持在每人每月1—5元。农户更愿意参与垃圾清理转运阶段的合作供给，对垃圾基础设施建设和垃圾终端处理积极性不高。

（2）在阐明农村生活垃圾集中处理面临的现状，分析农村生活垃圾集中处理合作供给中农户合作意愿和合作行为的基础上，利用二元分类评定模型考察农村生活垃圾集中处理中农户支付行为与支付意愿悖离的影响因素，随后运用ISM模型解析各影响因素间的关联关系和层次结构。研究发现，农户支付行为与支付意愿悖离的影响因素主要受农户个人特征、农户认知和农户所处环境的影响，其中农户个人特征中影响显著的因素是农户年家庭人均纯收入和农户健康情况；农户认知中影响显著的因素为"现有垃圾排放是否对生活产生影响"和"对生活垃圾集中处理改善环境效果的认知"；农户所处环境中影响显著的因素为制度因素中的"若农户随意倾倒垃圾是否会有人监管"和"以村干部、亲戚、朋友等是否支付"表示的社会网络。社会网络和制度因素是影响悖离的深层因素，反映出在传统的中国农村社会内部，农户长期交往所形成的社会网络等非正式制度深刻影响着社区范围内公共产品的供给，自上而下的正式制度也会生成社区范围内公共产品供给过程中的一致性集体行动。因此，生活垃圾的集中处理本质上是以一定场域为基础的农户公共产品的合作供给行为，其动态均衡是个体因素与社会环境因素相互作用的结果。

（3）通过Heckman – Probit模型对乡村公共空间、社会资本与农户支付行为的关系进行实证研究，探讨公共空间、社会资本对农户参与生活垃圾集中处理合作形成的影响机理。结果表明，乡村公共空间的不同维度对农户生活垃圾集中处理参与行为的影响各不相同。频率维度对农户生活垃圾集中处理参与意愿产生积极影响，而空间维度与开放维度与农户的参与意愿呈负向关系。小范围、高频、半开放的乡村公共空间对农户合作意愿的产生以及合作行为的实现具有重要的支撑作用；以社会信任表征的社会资本，与农户参与行为呈正相关关系。社会资本在公共空间引致农户合作行为的过程中具有中介作用。社会资本则在公共空间搭建起的平台上，通过信任与交流网络促成农户的合作行为，充分发挥了纽带作用，证实了公共空间—社会资本—集体行动这一链条机制的存在。农户通过在乡村公共空间中的交流互动培育社会资本，有利于实现集体行动。

（4）农户作为理性个体，在参与生活垃圾集中处理的合作供给时有其自己的行为逻辑。通过二元分类评定模型在农户异质性视角下对此行为逻辑进行研究，发现农户的差异性表现在收入、偏好、人力资本、社会资本等多方面，与外部差异如激励制度、社区服务功能等共同对农户集体行动起到促进或抑制的作用，并最终影响农户选择行为。因此，农户的参与逻辑不仅是其基于自身收益最大化的理性选择，也是基于社会环境变化背景下收入差距拉大与阶层分化影响做出的社会决策。农村社区性公共产品供给过程中的合作行为就是由具有不同社会偏好和资源禀赋的个体合作而实现的。

（5）外部条件与农户认知水平共同影响着农户合作参与农村生活垃圾集中处理的效果。运用模糊综合评价模型，对农户合作参与的效果进行了综合研究，发现村庄基本特征、社会制度环境等外部条件对农户合作参与垃圾治理有较强的推动作用，而这些影响因素建立在农户基本特征和认知程度的基础上，农户的环保意识和支付意愿是影响垃圾治理效果的关键因素。

第二节　政策建议

农村生活垃圾集中处理关系到农户的生活环境水平和生态系统安全。现有的农村生活垃圾集中处理供给模式存在普及度不高、效率低下、成本过高等问题，难以在短时间内有效解决农村垃圾处理困境。农户合作供给成为一种有效的供给方式，能够缓解现存农村生活垃圾治理中政府投入不足的压力。农户合作行为的影响因素既有个人因素，也有社会环境和政策制度因素。因此，本书在分析农村生活垃圾集中处理现状的基础上，沿着农户合作的困境—合作的影响因素—合作效果评估—制度创新这条逻辑思路，分别从农户个人特征、生活场域中的乡村公共空间、社会资本，以及政府政策制度等方面展开研究。根据本书的研究结论，对农村生活垃圾集中处理的农户合作供给提出以下政策建议。

一 因地制宜，开展农村生活垃圾集中处理

农村地区的现代化建设发展水平参差不齐，生活垃圾集中处理的供给方式也各有不同。经济发展水平较高的东部地区，由于农村经济基础好，当地农民环保意识较强，可以探索两阶段或全阶段的农户合作供给；中部地区和东北地区经济发展相对较慢，农村生活垃圾处理的开展则较为迟缓，可以先行探索生活垃圾清理转运阶段的农户合作供给，供给的方式可以采用出资和出力相结合的方式，而基础设施建设和垃圾终端处理仍由政府进行供给；对于经济相对落后的西部地区，除政府集中供给外，主要应加强当地农民的环保意识教育，将生活垃圾进行源头分散化处理。

二 提高农户认知水平，鼓励农户合作行为

农户认知是影响其合作供给的直接因素，同时对农户合作的效率具有重要影响。农户之所以对筹资进行生活垃圾集中处理具有正向意愿，是因为他们认知到现有生活垃圾的随意倾倒对生活环境造成了一定影响，以及参与集中处理对自身环境改善有效果。但在合作供给过程中，农户对筹资的额度和方式相对敏感。因此，合作供给前加强对农户环保意识的宣传与引导，与农户就合作供给积极地协商沟通，确定适宜的成本分摊方案，对于提高农户的认知具有积极的意义。在合作供给过程中，坚持运营费用的公开、透明，确保生活垃圾处理的及时、有效，让农户看得到、感觉得到因生活垃圾

集中处理而带来的生活环境的美化，依据认知—刺激—行为的路径，激励农户更大范围实现集体行动。

三　提供有利环境，促进农户合作

政府在农户合作供给的过程中要做好自身的定位，不能处于"在边看"的位置，而是应该积极发挥作用，提供有利环境，促成农户合作供给的顺利开展。第一，政府应大力发展经济，尽快提高农户的收入水平，随着生活水平的提高，农户环保意识也会逐步增强。第二，政府通过资金扶持、教育宣传、加大监督、制度建设等方式为促进农户合作提供有利环境。目前的经济条件下，生活垃圾集中处理单靠农户合作供给也难以完成，尤其是在基础设施投入阶段，政府应加大资金投入。通过生活垃圾集中处理的效果，让农户切身感受到环境的改善来调动农户合作参与的积极性。第三，农户从众心理较强，同时对"搭便车"现象尤为关注，政府和村庄应努力提高监督水平，降低机会主义行为发生。第四，村干部和村庄能人应主动参与合作供给并带好头，增加普通农户的信任感。

四　培育乡村公共空间，突出社会资本作用

公共空间是社会资本的平台，小范围、高频、半开放的公共空间有利于促进农村生活垃圾集中处理的农户合作供给行为。政府应重视培育乡村的公共空间，积极扶持农民专业合作组织，重视农村祠堂、宗教等对农户的影响。同时积极开辟农村文化活动广场，为农户的互动交流提供平台。在公共空间的构建过程中，政府不要试图去主导公共空间的发展，应该发挥其自主培育社会资本的功能。此外，可以将环境保护融入农户喜闻乐见的文化活动当中，使农户既接受了教育，也培养了对社区的认同感；引导农户参与公共事务决策活动，促进农户之间信息资源共享，以形成良好的社会关系网络；结合新农村文化建设要求，大力开展精神文明建设，普及公共精神，形成充满正能量的村落文化，减少投机心理和"搭便车"行

为；增强乡村农户的共同体意识，累积规则型社会资本，建立完善乡村激励约束制度，通过在物质、声望等方面进行激励或惩罚，形成互惠规则和制约手段，促进农户自发合作；大力动员农户参与乡村公共事务治理，发展民间组织促进农户参与的公共精神，鼓励民间资源的成长，利用农民专业合作社、居民大会等手段增加农户的社会资本积累，推动形成合理有效的农户合作。

五 发挥农户主体作用，提高农户参与水平

农户是治理农村环境的主体，理顺农户的行为逻辑是生活垃圾集中处理合作供给的前提，否则只会与预期目标大相径庭。当前，我国农村社会普遍存在农业生态文明建设较为落后、财政补贴不足、小农意识强烈、垃圾生产量大等问题，在这样的背景下进行生活垃圾集中处理的合作供给，就需要充分发挥农村基层组织的约束作用，厘清农户行为思路，对其加以有力引导和扭转。现实调查中发现，农民是理性的个体，在对待农村环境治理的问题上，当筹资的公平性尤其是环境治理的效果低于其期望时，农民会选择拒绝策略。因此，需要加大对农民环保意识的教育，宣传美丽乡村的建设理念，同时，通过乡村公共空间的培育，为农民打造一个宽松的交流环境，以及和谐文明的乡村社会氛围，扩展农户的社会资本，提高农民的环境保护理念和集体意识，降低监督成本。开展清洁家园活动，有效提升农户主人翁意识。在调查中，我们还发现，农户收入对生活垃圾治理产生正向作用，因此，要进一步因地制宜调整农村产业结构，协调引入财政、外来投资的力量，完善乡村经济发展环境，并积极拓宽乡村招商引资空间，出台相应扶持政策，促进农村经济社会同步发展，提高农民收入，实现资本积累，提高农村经济实力，带动村容村貌更新升级，为农村生活垃圾治理提供有力的经济支持。

第三节 研究展望

对农村生活垃圾集中处理中农户的合作行为进行研究，是极具现实意义的工作。本书希望通过此研究揭示在农村生活垃圾集中处理的合作过程中，乡村公共空间、社会资本、农户异质性对农户合作形成的影响机理与作用机制。然而，由于笔者能力的局限性，对农村生活垃圾集中处理农户合作行为研究还存在以下不足，有待进一步研究和完善。

（1）研究样本的选择上，本书以河南省荥阳市等较早开展生活垃圾治理的村落为例，其运作机制已相对成熟。但实际上，我国农村地区发展并不均衡、农民素质参差不齐、"空巢化"现象普遍等问题使不同区域的生活垃圾治理的发展条件有很大差异，农户异质性导致农户行为和动机的差异。因此，对其他地区的生活垃圾处理现状和农户合作行为研究还有待进一步深化，探索如何在较贫困农村地区因地制宜开展生活垃圾治理是我们需要进一步研究的问题。

（2）研究的内容上，农村生活垃圾集中处理过程中，农户的合作行为建立在农户作为理性经济个体的基础上，是农户在权衡成本付出与利益获得之后做出的判断选择。现阶段的合作供给仅维持了垃圾的日常清理维护阶段，而且农户的筹资数额非常有限。因此，今后如何提高筹资金额、制订合理有效的成本分摊方案、提高农户环境认知程度、降低相应监督成本等问题，是我们下一步需要解决的重点。目前的种种研究均已表明，农户合作进行农村生活垃圾集中处理是克服政府供给效率低下、市场模式成本过高等问题及美化乡村生产生活环境的重要途径。随着经济社会的迅速发展和新农村建设的推进，农村日益向开放型空间发展，农村生活垃圾集中处理农户合作行为的理论和实践研究将更加丰富。

参考文献

［美］埃莉诺·奥斯特罗姆：《公共事物的治理之道——集体行动制度的演进》，余逊达、陈旭东译，上海三联书店 2000 年版。

［美］埃莉诺·奥斯特洛姆、谢来辉：《应对气候变化问题的多中心治理体制》，《国外理论动态》2013 年第 2 期。

边燕杰：《城市居民社会资本的来源及作用：网络观点与调查发现》，《中国社会科学》2004 年第 3 期。

卜长莉：《社会关系网络是当代中国劳动力流动的主要途径和支撑》，《长春理工大学学报》（社会科学版）2004 年第 2 期。

蔡安宁、张春梅：《对农村生态环境建设的思考》，《环境与可持续发展》2008 年第 6 期。

蔡春光、郑晓瑛：《北京市空气污染健康损失的支付意愿研究》，《经济科学》2007 年第 1 期。

蔡志坚、张巍巍：《南京市公众对长江水质改善的支付意愿及支付方式的调查》，《生态经济》2007 年第 2 期。

曹海林：《村落公共空间演变及其对村庄秩序重构的意义——兼论社会变迁中村庄秩序的生成逻辑》，《天津社会科学》2005 年第 6 期。

曹海林：《乡村和谐发展与农村基层社会管理创新的理性选择》，《中国行政管理》2009 年第 4 期。

曹红斌、张郡、李强等：《贵阳市居民生活供水状况改善的支付意愿》，《资源科学》2008 年第 10 期。

曹锦清：《黄河边的中国》，上海文艺出版社 2000 年版。

曾福生、匡远配、周亮：《农村公共产品供给质量的指标体系构建及实证研究》，《农业经济问题》2007 年第 9 期。

曾鹏、罗观翠：《集体行动何以可能？——关于集体行动动力机制的文献综述》，《开放时代》2006 年第 1 期。

陈家涛：《基于博弈论视角的农户合作行为分析》，《经济问题》2010 年第 3 期。

陈丽华：《论农户自治组织保护环境的法律保障》，《湖南大学学报》（社会科学版）2011 年第 2 期。

陈潭、刘建义：《集体行动、利益博弈与村庄公共物品供给——岳村公共物品供给困境及其实践逻辑》，《公共管理学报》2010 年第 3 期。

陈潭：《集体行动的困境：理论阐释与实证分析——非合作博弈下的公共管理危机及其克服》，《中国软科学》2003 年第 9 期。

戴炳源：《布坎南的公共选择财政理论述评》，《中南财经大学学报》1998 年第 6 期。

戴利朝：《茶馆观察：农村公共空间的复兴与基层社会整合》，《社会》2005 年第 5 期。

戴晓霞：《发达地区农村居民生活垃圾管理支付意愿研究》，博士学位论文，浙江大学，2010 年。

邓俊淼：《农户生活垃圾处理支付意愿及影响因素分析——基于对南水北调中线工程水源地的调查分析》，《生态经济》（学术版）2012 年第 1 期。

邓立新：《农村公共产品供给效率与制度构建——对成都市农村中小型公共设施"农户自建"试点的调查思考》，《经济体制改革》2014 年第 3 期。

邓正华、杨新荣、张俊飚等：《农户对高产农业技术扩散的生态环境影响感知实证》，《中国人口·资源与环境》2012 年第 7 期。

邓正华、张俊飚、许志祥等：《农村生活环境整治中农户认知与行为响应研究——以洞庭湖湿地保护区水稻主产区为例》，《农业技术经济》2013 年第 2 期。

丁洁：《中国现代化转型中的农民心理问题研究》，《南昌大学学报》（人文社会科学版）2012 年第 1 期。

董晓波：《农民合作动因与行为选择》，《合作经济与科技》2014 年第 23 期。

杜辉：《环境治理的制度逻辑与模式转变》，博士学位论文，重庆大学，2012 年。

方堃、肖微：《从"国家单方供给"到"社会协同治理"——协同学语境下的县域农村公共服务模式变革研究》，《管理现代化》2009 年第 1 期。

费孝通：《乡土中国》，人民出版社 1985 年版。

符加林、崔浩、黄晓红：《农村社区公共物品的农户自愿供给——基于声誉理论的分析》，《经济经纬》2007 年第 4 期。

［美］弗朗西斯·福山：《信任——社会道德与繁荣的创造》，李婉容译，远方出版社 1998 年版。

付素霞、田磊：《农村垃圾处理的路径选择》，《河南科技》2013 年第 21 期。

高海清：《农村生态环境治理的社区促动机制分析》，《经济问题探索》2010 年第 4 期。

高虹、陆铭：《社会信任对劳动力流动的影响——中国农村整合型社会资本的作用及其地区差异》，《中国农村经济》2010 年第 3 期。

高庆标、徐艳萍：《农村生活垃圾分类及综合利用》，《中国资源综合利用》2011 年第 9 期。

高轩、神克洋、［美］埃莉诺·奥斯特罗姆：《自主治理理论述评》，《中国矿业大学学报》（社会科学版）2009 年第 2 期。

高轩、朱满良：《埃丽诺·奥斯特罗姆的自主治理理论述评》，《行政论坛》2010 年第 2 期。

高远东、花拥军：《异质型人力资本对经济增长作用的空间计量实证分析》,《经济科学》2012 年第 1 期。

高占军：《布坎南的经济思想及其方法论述评》,《世界经济》1994
　　年第 4 期。

葛四友：《布坎南与奥尔森的公共选择理论比较分析》,《中共福建
　　省委党校学报》2003 年第 7 期。

顾慧君：《社区公共空间对于社区社会资本的影响——研究综述与
　　理论解释》,《理论界》2010 年第 9 期。

韩国明、王鹤、杨伟伟：《农民合作行为：乡村公共空间的三种维
　　度——以西北地区农民合作社生成的微观考察为例》,《中国农
　　村观察》2012 年第 5 期。

韩洪云、张志坚、朋文欢：《社会资本对居民生活垃圾分类行为的
　　影响机理分析》,《浙江大学学报》(人文社会科学版) 2016 年
　　第 3 期。

贺雪峰：《论半熟人社会——理解村委会选举的一个视角》,《政治
　　学研究》2000 年第 3 期。

贺雪峰：《熟人社会的行动逻辑》,《华中师范大学学报》(人文社
　　会科学版) 2004 年第 1 期。

洪大用、肖晨阳：《环境关心的性别差异分析》,《社会学研究》
　　2007 年第 2 期。

洪名勇、钱龙：《多学科视角下的信任及信任机制研究》,《江西社
　　会科学》2013 年第 1 期。

侯保疆、梁昊：《治理理论视角下的乡村生态环境污染问题——以
　　广东省为例》,《农村经济》2014 年第 1 期。

胡敏华：《农民理性及其合作行为问题的研究述评——兼论农民
　　"善分不善合"》,《财贸研究》2007 年第 6 期。

胡荣、黄旌芮、蔡晓薇等：《农户间组织的发展与农民自组织能力
　　的培育——以福建安溪珍田茶业专业合作社为例》,《西北大学
　　学报》(哲学社会科学版) 2009 年第 5 期。

胡璇、李丽丽、栾胜基等：《强、弱外部性农村环境问题及其管理

方式研究》，《北京大学学报》（自然科学版）2013 年第 3 期。

黄璜：《基于社会资本的合作演化研究——"基于主体建模"方法的博弈推演》，《中国软科学》2010 年第 9 期。

黄季焜、刘莹：《农村环境污染情况及影响因素分析——来自全国百村的实证分析》，《管理学报》2010 年第 11 期。

黄家亮：《乡土场域的信任逻辑与合作困境：定县翟城村个案研究》，《中国农业大学学报》（社会科学版）2012 年第 1 期。

黄珺、顾海英、朱国玮：《中国农户合作行为的博弈分析和现实阐释》，《中国软科学》2005 年第 12 期。

黄开兴、王金霞、白军飞等：《农村生活固体垃圾排放及其治理对策分析》，《中国软科学》2012 年第 9 期。

黄胜忠、徐旭初：《成员异质性与农民专业合作社的组织结构分析》，《南京农业大学学报》（社会科学版）2008 年第 3 期。

黄志冲：《农村公共产品供给机制创新的经济学研究》，《中国农村观察》2000 年第 6 期。

黄宗智：《略论华北近数百年的小农经济与社会变迁——兼及社会经济史研究方法》，《中国社会经济史研究》1986 年第 2 期。

黄祖辉、扶玉枝：《合作社效率评价：一个理论分析框架》，《浙江大学学报》（人文社会科学版）2013 年第 1 期。

贾康、孙洁：《农村公共产品与服务提供机制的研究》，《管理世界》2006 年第 12 期。

蒋晓琴：《探讨农村生活垃圾处理措施》，《科技风》2015 年第 8 期。

景小红、赵秋成：《农村公共产品供给新路径：协同供给机制》，《山西师范大学学报》（社会科学版）2016 年第 1 期。

赖庭汉、吴戊镇、房陈钰等：《多中心治理视阈下农村生活垃圾处理的实践探索——基于广东 100 条自然村的一线调查》，《广东技术师范学院学报》2015 年第 9 期。

乐小芳、张颖：《传统环境管理模式下农村环境污染和破坏的制度因素分析》,《生态经济》2013 年第 7 期。

李伯华、窦银娣、刘沛林:《欠发达地区农户人居环境建设的支付
意愿及影响因素分析——以红安县个案为例》,《农业经济问题》
2011 年第 4 期。

李红、郑敏、刘庆梅、陶丽霞等:《联合生物反应器处理农村生活
垃圾渗滤液水质变化规律》,《环境工程学报》2016 年第 5 期。

李惠斌:《社会资本与社会发展引论》,《马克思主义与现实》2000
年第 2 期。

李佳:《农民合作:必然性、困境及化解逻辑——一个基于集体行
动逻辑的分析框架》,《前沿》2008 年第 8 期。

李佳:《农民的行为特征与经济合作的逻辑起点》,《经济论坛》
2012 年第 1 期。

李金:《市场化条件下身份格局的变化:分化、延续与转换——从
身份的视角看中国社会分层秩序问题》,《社会科学研究》2006
年第 3 期。

李齐云、张维娜:《农村垃圾治理服务:第三部门供给的可行性研
究》,《山东经济》2010 年第 1 期。

李小云、孙丽:《公共空间对农民社会资本的影响——以江西省黄
溪村为例》,《中国农业大学学报》(社会科学版)2007 年第
1 期。

李颖明、宋建新、黄宝荣等:《农村环境自主治理模式的研究路径
分析》,《中国人口·资源与环境》2011 年第 1 期。

李郁芳、蔡少琴:《农村公共品供给中的农户自治与"一事一
议"——基于公共选择理论视角》,《东南学术》2013 年第
2 期。

李远行、何宏光:《农民合作行为的类型学分析——以安徽小岗村
为例》,《广西民族大学学报》(哲学社会科学版)2012 年第
6 期。

梁爽、姜楠、谷树忠:《城市水源地农户环境保护支付意愿及其影

响因素分析——以首都水源地密云为例》，《中国农村经济》
2005 年第 2 期。

廖亮、陈昊：《马克·格兰诺维特对新经济社会学的贡献——潜在
诺贝尔经济学奖得主学术贡献评介》，《经济学动态》2011 年第
9 期。

林超然、胡皓：《自组织理论在社会、经济研究中的应用》，《中国
软科学》1988 年第 2 期。

林坚、黄胜忠：《成员异质性与农民专业合作社的所有权分析》，
《农业经济问题》2007 年第 10 期。

林丽琼、张文棋：《农村中小企业非正规信贷嵌入性依赖研究》，
《西北农林科技大学学报》（社会科学版）2009 年第 5 期。

林万龙：《中国农村公共服务供求的结构性失衡：表现及成因》，
《管理世界》2007 年第 9 期。

刘红云、骆方、张玉等：《因变量为等级变量的中介效应分析》，
《心理学报》2013 年第 12 期。

刘洪：《集体行动与经济绩效——曼瑟尔·奥尔森经济思想评述》，
《当代经济研究》2002 年第 7 期。

刘鸿渊、叶子荣：《主体属性与农村社区性公共产品供给合作行为
研究——一个基本的理论分析框架》，《农村经济》2014 年第
4 期。

刘鸿渊：《农村社区性公共产品供给合作行为研究——基于嵌入的
理论视角》，《社会科学研究》2012 年第 6 期。

刘建平、龚冬生：《税费改革后农村公共产品供给的多中心体制探
讨》，《中国行政管理》2005 年第 7 期。

刘金菊、孙健敏：《社会资本的测量》，《学习与实践》2011 年第
9 期。

刘军、郭军盈、戴建华：《东西部农民创业差异及原因分析》，《湖
南农业大学学报》（社会科学版）2004 年第 6 期。

刘同山、孔祥智：《协作失灵、精英行为与农民合作秩序的演进》，

《商业经济与管理》2015 年第 10 期。

刘义强：《建构农民需求导向的公共产品供给制度——基于一项全国农村公共产品需求问卷调查的分析》，《华中师范大学学报》（人文社会科学版）2006 年第 2 期。

卢福营：《村级治理下的农户公共参与》，《国家行政学院学报》2002 年第 3 期。

陆娅楠：《未来 5 年破解"垃圾围村"》，《人民日报》2014 年 11 月 19 日第 14 版。

罗家德、孙瑜、谢朝霞等：《自组织运作过程中的能人现象》，《中国社会科学》2013 年第 10 期。

罗倩文、王钊：《社会资本与农民合作经济组织集体行动困境的治理》，《经济体制改革》2009 年第 1 期。

罗兴佐：《治水：国家介入与农民合作——荆门五村农田水利研究》，湖北人民出版社 2006 年版。

［美］马克斯·韦伯：《儒教与道教》，王容芬译，商务印书馆 1995 年版。

［美］曼瑟尔·奥尔森：《集体行动的逻辑》，陈郁等译，上海人民出版社 1995 年版。

毛寿龙、杨志云：《无政府状态、合作的困境与农村灌溉制度分析——荆门市沙洋县高阳镇村组农业用水供给模式的个案研究》，《理论探讨》2010 年第 2 期。

苗珊珊：《社会资本多维异质性视角下农户小型水利设施合作参与行为研究》，《中国人口·资源与环境》2014 年第 12 期。

穆月英、王艺璇：《我国农业补贴政策实施效果的模拟分析》，《经济问题》2008 年第 11 期。

《垃圾"围村"：每年堆出百座山》，《第一财经日报》，https：//www.yicai.com/news/4587185.html，2015 年 3 月 18 日。

宁清同、李百三：《论我国农村垃圾回收处理公益信托制度》，《广西政法管理干部学院学报》2012 年第 5 期。

牛喜霞、汤晓峰：《农村社区社会资本的结构及影响因素分析》，《湖南师范大学社会科学学报》2013 年第 4 期。

潘敏：《信任问题——以社会资本理论为视角的探讨》，《浙江社会科学》2007 年第 2 期。

彭长生：《资源禀赋和社会偏好对公共品合作供给的影响——理论分析和案例检验》，《华中科技大学学报》（社会科学版）2008 年第 5 期。

皮建才：《领导、追随与社群合作的集体行动：基于公平相容约束的扩展》，《经济学》（季刊）2007 年第 2 期。

普锦成、袁进、李晓姣等：《我国农村生活垃圾污染现状与治理对策》，《现代农业科技》2012 年第 4 期。

邱才娣：《农村生活垃圾资源化技术及管理模式探讨》，硕士学位论文，浙江大学，2008 年。

邱梦华：《中国农民合作的研究综述》，《云南民族大学学报》（哲学社会科学版）2008 年第 5 期。

曲延春：《差序格局、碎片化与农村公共产品供给的整体性治理》，《中国行政管理》2015 年第 5 期。

曲延春：《四维框架下的"多元协作供给"：农村公共产品供给模式创新研究》，《理论探讨》2014 年第 4 期。

宋言奇：《我国农村环保社区自组织的模式选择》，《南通大学学报》（社会科学版）2012 年第 4 期。

苏杨珍、翟桂萍：《农户自发合作：农村公共物品提供的第三条途径》，《农村经济》2007 年第 6 期。

孙丽梅：《俱乐部理论：布坎南模型与蒂布特模型的比较分析》，《广东财经职业学院学报》2005 年第 4 期。

孙世民、张媛媛、张健如：《基于 Logit – ISM 模型的养猪场（户）良好质量安全行为实施意愿影响因素的实证分析》，《中国农村经济》2012 年第 10 期。

孙文基：《关于我国农业现代化财政支持的思考》，《农业经济问题》

2013 年第 9 期。

孙玉栋、王伟杰：《农村公共产品研究方法和观点评述》，《税务与经济》2009 年第 5 期。

谭静、江涛：《农村社会养老保险心理因素实证研究——以南充市230 户低收入农户为例》，《人口与经济》2007 年第 2 期。

唐娟莉、朱玉春、刘春梅：《农村公共服务满意度及其影响因素分析——基于陕西省 32 个乡镇 67 个自然村的调研数据》，《当代经济科学》2010 年第 1 期。

田翠琴、赵志林、赵乃诗：《农民生活型环境行为对农村环境的影响》，《生态经济》2011 年第 2 期。

田维绪、罗鑫：《社会网络变迁背景下进城农民工社会资本构建研究——基于 2010 年 CSSC 贵州项目数据》，《广西社会科学》2014 年第 10 期。

仝志辉：《农户间组织与中国农村发展：来自个案的经验》，社会科学文献出版社 2005 年版。

涂圣伟：《农村"一事一议"制度效力的理论与案例分析》，《南方经济》2009 年第 2 期。

汪应洛：《系统工程理论、方法与应用》，高等教育出版社 1998年版。

王爱琴、高秋风、史耀疆等：《农村生活垃圾管理服务现状及相关因素研究——基于 5 省 101 个村的实证分析》，《农业经济问题》2016 年第 4 期。

王春荣、韩喜平、张俊哲：《农村环境治理中的社会资本探析》，《东北师范大学学报》（哲学社会科学版）2013 年第 3 期。

王锋、张小栓、穆维松等：《消费者对可追溯农产品的认知和支付意愿分析》，《中国农村经济》2009 年第 3 期。

王杰：《社会自组织理论研究》，硕士学位论文，华中师范大学，2012 年。

王金霞、李玉敏、黄开兴等：《农村生活固体垃圾的处理现状及影响因素》,《中国人口·资源与环境》2011 年第 6 期。

王俊霞、张玉、鄢哲明等:《基于组合赋权方法的农村公共产品供给绩效评价研究》,《西北大学学报》(哲学社会科学版) 2013 年第 2 期。

王维平、马俊伟:《论我国农村的垃圾管理》,《中国行政管理》(增刊) 2008 年第 1 期。

王树文、文学娜、秦龙:《中国城市生活垃圾公众参与管理与政府管制互动模型构建》,《中国人口·资源与环境》2014 年第 4 期。

王庆、罗芳、鲍宏礼:《基于制度变迁视角的中国农民合作行为分析》,《湖北农业科学》2014 年第 16 期。

王昕、陆迁:《农村社区小型水利设施合作供给意愿的实证》,《中国人口·资源与环境》2012 年第 6 期。

王昕、陆迁:《社会资本综述及研究框架》,《商业研究》2012 年第 2 期。

王昕:《基于社会资本视角的农村社区小型水利设施合作供给研究》,博士学位论文,西北农林科技大学,2014 年。

王绪龙、周静、张红:《农户决策对其支付意愿影响的博弈论研究》,《中国人口·资源与环境》2013 年第 11 期。

魏梦佳、郭远明、罗宇凡:《农村垃圾问题令人忧》,《半月谈》2009 年第 1 期。

温思美、郑晶:《经济治理与合作组织——2009 年诺贝尔经济学奖评介》,《学术研究》2010 年第 1 期。

[美] 文森特、奥斯特罗姆:《美国公共行政的思想危机》,上海三联书店 1999 年版。

巫丽俊、王丹丹、钟树明等:《农村生活垃圾常用处理技术及其发展趋势》,《安徽农业科学》2013 年第 19 期。

吴光芸:《社会资本理论视角下的农民合作——农村公共服务供给的一种途径》,《学习与实践》2006 年第 6 期。

吴建：《农户对生活垃圾集中处理费用的支付意愿分析——基于山东省胶南市、菏泽市的实地调查》,《青岛农业大学学报》（社会科学版）2012 年第 2 期。

吴彤：《论科学：一个自组织演化系统》,《系统辩证学学报》1995 年第 3 期。

吴新叶：《农村基层公共空间中的政府在场——以基层的政治性与社会性为视角》,《武汉大学学报》（哲学社会科学版）2008 年第 1 期。

吴义爽、汪玲：《论经济行为和社会结构的互嵌性——兼评格兰诺维特的嵌入性理论》,《社会科学战线》2010 年第 12 期。

吴重庆：《无主体熟人社会》,《开放时代》2002 年第 1 期。

谢中起、缴爱超：《以社区为基础的农村环境治理模式析要》,《生态经济》2013 年第 7 期。

徐鸣、张学艺：《制约农民合作的传统文化因素分析》,《理论与改革》2014 年第 6 期。

熊巍：《我国农村公共产品供给分析与模式选择》,《中国农村经济》2002 年第 7 期。

鄢军：《农民行为研究的理论与思路：从组织到个体》,《经济问题》2011 年第 2 期。

鄢军：《中国农村组织的经济分析》,博士学位论文,华中科技大学,2005 年。

杨宝路、邹骥：《北京市环境质量改善的居民支付意愿研究》,《中国环境科学》2009 年第 11 期。

杨金龙：《农村生活垃圾治理的影响因素分析——基于全国 90 村的调查数据》,《江西社会科学》2013 年第 6 期。

杨菊华：《意愿与行为的悖离：发达国家生育意愿与生育行为研究述评及对中国的启示》,《学海》2008 年第 1 期。

姚步慧：《我国农村生活垃圾处理机制研究》,硕士学位论文,天津商业大学,2010 年。

姚伟、曲晓光、李洪兴等:《我国农村垃圾产生量及垃圾收集处理现状》,《环境与健康杂志》2009 年第 1 期。

叶春辉:《农村垃圾处理服务供给的决定因素分析》,《农业技术经济》2007 年第 3 期。

尹希果、王鹏、李东宇:《城镇污水、垃圾处理收费制度改革中微观主体的行为研究——基于 Order Probit 模型对居民缴费意愿的分析》,《东北大学学报》(社会科学版)2008 年第 4 期。

由笛、姜阿平:《格兰诺维特的新经济社会学理论述评》,《学术交流》2007 年第 9 期。

游文佩、吴东民:《农村垃圾处理难题的破解——以农户自主治理为视角》,《中共青岛市委党校·青岛行政学院学报》2014 年第 2 期。

于文金、谢剑、邹欣庆:《基于 CVM 的太湖湿地生态功能恢复居民支付能力与支付意愿相关研究》,《生态学报》2011 年第 23 期。

于晓勇、夏立江、陈仪等:《北方典型农村生活垃圾分类模式初探——以曲周县王庄村为例》,《农业环境科学学报》2010 年第 8 期。

臧得顺:《格兰诺维特的"嵌入理论"与新经济社会学的最新进展》,《中国社会科学院研究生院学报》2010 年第 1 期。

张纯刚、贾莉平、齐顾波:《乡村公共空间:作为合作社发展的意外后果》,《南京农业大学学报》(社会科学版)2014 年第 2 期。

张航空:《流动人口的生育意愿与生育行为差异研究》,《南方人口》2012 年第 2 期。

张后虎、胡源、张毅敏等:《太湖流域分散农村居民对生活垃圾的产生和处理认知分析》,《安全与环境工程》2010 年第 6 期。

张建杰:《农户社会资本及对其信贷行为的影响——基于河南省 397 户农户调查的实证分析》,《农业经济问题》2008 年第 9 期。

张靖会:《同质性与异质性对农民专业合作社的影响——基于俱乐部理论的研究》,《齐鲁学刊》2012 年第 1 期。

张菊梅：《公共服务公私合作研究——以多中心治理为视角》，《社会科学家》2012 年第 3 期。

张明林、吉宏：《集体行动与农业合作组织的合作条件》，《企业经济》2005 年第 8 期。

张培刚：《新发展经济学》，河南人民出版社 1992 年版。

章平、张小敏：《个体异质性与公共物品治理的关系研究》，《技术经济》2007 年第 7 期。

张五常：《农民被剥削了吗?》，《社会观察》2011 年第 1 期。

张旭：《农户间组织参与农村公共产品供给的路径探析》，《长春师范大学学报》2016 年第 3 期。

赵春江：《新农村建设中农村公共产品的供给困境——基于集体行动理论视角的阐释》，《苏州大学学报》（哲学社会科学版）2007 年第 3 期。

赵鼎新：《集体行动、搭便车理论与形式社会学方法》，《社会学研究》2006 年第 1 期。

赵红、安文雯：《集体行动的博弈分析：基于相对公平相容约束》，《统计与决策》2012 年第 21 期。

赵晶薇、赵蕊、何艳芬等：《基于"3R"原则的农村生活垃圾处理模式探讨》，《中国人口·资源与环境》（增刊）2010 年第 2 期。

赵凯：《论农民专业合作社社员的异质性及其定量测定方法》，《华南农业大学学报》（社会科学版）2012 年第 4 期。

赵雪雁、毛笑文：《社会资本对农户生活满意度的影响——基于甘肃省的调查数据》，《干旱区地理》2015 年第 5 期。

郑风田、董筱丹、温铁军：《农村基础设施投资体制改革的"双重两难"》，《贵州社会科学》2010 年第 7 期。

郑杭生、黄家亮：《当前我国社会管理和社区治理的新趋势》，《甘肃社会科学》2012 年第 6 期。

郑小鸣：《信任：基于人性的社会资本——福山信任观述评》，《求索》2005 年第 7 期。

周红云:《社会资本理论述评》,《马克思主义与现实》2002 年第
5 期。

周红云:《社会资本及其在中国的研究与应用》,《社会经济体制比
较》2004 年第 2 期。

周培培、王余丁、赵忠芹、张万兴:《河北省农村环境问题调查研
究——基于 733 份调查问卷的分析》,《生态经济》(学术版)
2013 年第 1 期。

周生春、汪杰贵:《乡村社会资本与农村公共服务农民自主供给效
率——基于集体行动视角的研究》,《浙江大学学报》(人文社会
科学版)2012 年第 3 期。

周小亮、笪贤流:《基于偏好、偏好演化的偏好融合及其经济学意
义》,《经济学家》2010 年第 4 期。

朱汉平:《农村公共产品的供给路径:现状分析与选择取向——基
于公共财政与公共选择的分析视角》,《江淮论坛》2011 年第
4 期。

祝坤:《农民合作中的行为选择理性个案研究》,《农业经济》2013
年第 4 期。

Adler S. Paul, Seok‐Woo Kwon, "Social Capital: Prospects for a New
Concept", *Academy of Management Review*, Vol. 27, No. 1, 2002,
pp. 17–40.

Alejandro Portes, "Social Capital: Its Origins and Applications in Modern
Sociology", *Annual Review of Sociology*, Vol. 24, 1998, pp. 1–24.

Anderson, Alistair R., Jack, Sarah L., "The Articulation of Social
Capital in Entrepreneurial Networks: A Glue or Lubricant?", *Entre-
preneurship and Regional Development*, Vol. 14, No. 3, 2002,
pp. 193–210.

Arthur Cecil Pigou, "An Analysis of Supply", *The Economic Journal*,
Vol. 38, No. 150, 1928, pp. 365–395.

Baker, J. Mark, "The Effect of Community Structure on Social Forestry

Outcomes: Insights from Chota Nagpur, India", *Mountain Research and Development*, Vol. 18, No. 1, 1998, pp. 51 – 62.

Baland, Jean – Marie, Platteau, Jean – Philippe, "The Ambiguous Impact of Inequality on Local Resource Management", *World Development*, Vol. 27, No. 5, 1999, pp. 773 – 788.

Bandiera, Oriana, Rasul, Imran, "Social Network and Technology Adoption in Northern Mozambique", *The Economic Journal*, Vol. 116, No. 514, 2006, pp. 869 – 902.

Bazerman, M. H., Wade Benzoni, K. A., Benzoni, F., *A Behavioural Decision Theory Perspective to Environmental Decision Making*, New York: Russell Sage Foundation, 1996, pp. 107 – 111.

Bill Hillier, *Space Is the Machine*, London: Cambridge University Press, 1996, pp. 39 – 65.

Bourdieu, P., "The Forms of Capital", in Richardson, J. G., Ed., *Handbook of Theory and Research for Sociology of Education*, New York: Greenwood Press, 1986, pp. 241 – 258.

Burt, Oscar R., "Farm Level Economics of Soil Conservation in the Palouse Area of the Northwest", *Journal of Agricultural Economics*, Vol. 63, No. 1, 1981, pp. 83 – 92.

Burt, R. S, "The Network Structure of Social Capital", *Research in Organizational Behavior*, Vol. 22, No. 1, 2000, pp. 345 – 423.

Caselli, F., Coleman, W. J, "Cross – country Technology Diffusion: The Case of Computers", *The American Economic Review*, Vol. 91, No. 2, 2001, pp. 328 – 335.

Chan, K. S., Mestelman, S., Muller, R. A., "Heterogeneity and the Voluntary Provision of Public Goods", *Experimental Economics*, Vol. 2, No. 8, 1999, pp. 5 – 20.

Coase, R. H., "The Market for Goods and the Market for Ideas", *The American Economic Review*, Vol. 64, No. 2, 1974, pp. 384 – 391.

Coleman, J. S. , *Foundations of Social Theory*, Cambridge MA: Harvard University Press, 1990.

Coleman, J. S. , "Social Capital in the Creation of Human Capital", *American Journal of Sociology*, Vol. 94, No. 5, 1988, pp. 95 – 121.

Das Gupta H. , Grandvoinnet M. "Sate – Community Synergies in Community – driven Development", *Journal of Development Studies*, Vol. 40, No. 3, 2004, pp. 55 – 62.

David Halpern, "Moral Values, Social Trust and Inequality— Can Values Explain Crime?", *British Journal Criminology*, Vol. 41, No. 2, 2001, pp. 236 – 251.

Don Bellante, "The North – South Differential and the Migration of Heterogeneous Labor", *The American Economic Review*, Vol. 69, No. 1, 1979, pp. 166 – 175.

Durlauf, S. N. , Fafchamps, M. , *Social Capital*, NBER. Working Paper, No. 10485, 2004.

Dyer, J. H. , "Effective Interfirm Collaboration: How Firms Minimize Transaction Costs and Maximize Transaction Value", *Strategic Management Journal*, Vol. 18, No. 7, 1997, pp. 535 – 556.

Elinor Ostrom, Ahn, T. K. , *The Meaning of Social Capital and Its Link to Collective Action: Handbook of Social Capital*, Northampton: Edward Elgar Publishing Limited, 2009, pp. 17 – 35.

Elinor Ostrom, *Governing the Commons: The Evolution of Institutions for Collective Action*, Cambridge: Cambridge University Press, 1990, pp. 182 – 214.

Elinor Ostrom, "Collective Action and the Evolution of Social Norms", *Journal of Economic Perspective*, Vol. 14, No. 3, 2000, pp. 137 – 158.

Fehr, E. , Schmidt, K. M. , "A Theory of Fairness, Competition, and Cooperation", *Quarterly Journal of Economics*, Vol. 114, No. 3, 1999, pp. 817 – 868.

Fornell Claes, Johnson Michael D. , Anderson, Eugene W. , Cha, Jaesung, Bryant, Barbara Everitt, "The American Customer Satisfaction Index: Nature, Purpose, and Finding", *Journal of Marketing*, Vol. 60, No. 4, 1996, pp. 7 – 18.

Frans Berkhout, David Angel, Anna J. Wieczorek, "Sustainability Transitions in Developing Asia: Are Alternative Development Pathways likely?", *Technological Forecasting & Social Change*, Vol. 76, No. 2, 2009, pp. 215 – 217.

Fukuyama Francis, "Social Capital and the Global Economy", *Foreign Affairs*, Vol. 74, No. 5, 1995, pp. 89 – 103.

Garrit Hadin, "The Tragedy of the Commons", *Science*, Vol. 162, No. 3589, 1968, pp. 1243 – 1248.

Gorton, M. , Sauer, J. , Peshevski M. , "The Dimensions of Social Capital and Rural Development: Evidence from Water Communities in the Republic of Macedonia", *Rural Development: Governance, Policy Design and Delivery*, 118th EAAE Seminar sponsored by European Association of Agricultural Economists Ljubljana, August 25 – 27, 2010.

Granovetter, M. S. , "Problems of Explanation in Economic Sociology", in Nohria, N. and Eccles, R. G. , eds. , *Networks and Organizations*, Boston: Harvard Business School Press, 1992, pp. 55 – 67.

Hackett, S. , E. Schlager, J. M. Walker, "The Role of Communication in Resolving Commons Dilemmas", *Journal of Environmental Economics and Management*, Vol. 27, No. 2, 1994, pp. 99 – 126.

Hanemann, W. M. , "Valuing the Environment Through Contingent Valuation", *Journal of Economic Perspectives*, Vol. 8, No. 4, 1994, pp. 19 – 25.

Ingram, P. , Lifschitz, A. , "Kinship in the Shadow of the Corporation: The Interbuilder Network in Clyde River Shipbuilding", *American Sociological Review*, Vol. 71, No. 2, 2006, pp. 334 – 352.

Isaac, R. M., Walker, J. M, "Communication and Free – Riding Behavior: The Voluntary Contribution Mechanism", *Economic inquiry*, Vol. 26, No. 4, 1988, pp. 585 – 608.

James Andreoni, "Why Free Ride?: Strategies and Learning in Public Goods Experiments", *Journal of Public Economics*, Vol. 37, No. 3, 1988, pp. 291 – 304.

James J. Heckman, "Sample Selection Bias as a Specification Error", *Econometrica: Journal of the Econometric Society*, Vol. 47, No. 1, 1979, pp. 153 – 161.

Jession, J., "Household Waste Recycling Behavior: A Market Segmentation Model", *Social Marketing Quarterly*, Vol. 15, No. 2, 2009, pp. 25 – 38.

Johnson, N., Evangelinos, I. K., Iosifides, T., et al., "Social Factors Influencing Perceptions and Willingness to Pay for a Market – Based Policyaiming on Solid Waste Management", *Resources, Conservation and Recycling*, Vol. 54, No. 9, 2010, pp. 533 – 540.

Kotchen, M., Kallaos, J., Wheeler, K., "Pharmaceuticals in Waste Water: Behavior, Preferences and Willingness to Pay for a Disposal Program", *Journal of Environmental Management*, Vol. 90, No. 3, 2009, pp. 1476 – 1482.

Lane, Christel, and R. Bachmann, "Risk, Trust and Power: The Social Constitution of Supplier Relations in Britain and Germany", *Organization Studies*, Vol. 17, No. 3, 1995, pp. 365 – 395.

Loury, Glenn C., "A Dynamic Theory of Racial Income Differences", in *Women, Minorities, and Employment Discrimination*, Lexington, MA: Health, 1977, pp. 153 – 186.

Lyda Judson Hanifan, "The Rural School Community Center", *Annals of the American Academy of Political and Social Science*, Vol. 6, No. 67, 1916, pp. 130 – 138.

Mark Granovetter, "Economic Action and Social Structure: The Problem of Embeddedness", *America Journal of Sociology*, Vol. 91, No. 3, 1985, pp. 481 – 510.

McConnell, K., "An Economic Model of Soil Conservation", *American Journal of Agricultural Economics*, Vol. 65, No. 1, 1983, pp. 83 – 89.

Messick, D. M., Bazerman, M. H., "Ethics for the 21st Century: A Decision Making Approach", *Sloan Management Review*, Vol. 37, 1996, pp. 9 – 22.

Michael Woolcock, Deepa Narayan, "Social Capital: Implications for Development Theory, Research, and Policy", *The world bank research observer*, Vol. 15, No. 2, 2000, pp. 225 – 249.

Nahapiet, J., Ghoshal, S., "Social Capital, Intellectual Capital, and the Organizational Advantage", *Academy of Management Review*, Vol. 23, No. 2, 1998, pp. 242 – 266.

Nan Lin, *Social capital: A Theory of Social Structure and Action*, New York: Cambridge University Press, 2001, pp. 102 – 111.

Narayan, D., Pritchett, L., "Cents and Sociability: Household Income and Social Capital in Rural Tanzania", *Economic Development and Cultural Change*, Vol. 47, No. 4, 1999, pp. 871 – 897.

Olson, M., *The Logic of Collective Action: Public Goods and the Theory of Groups*, revised edition, Cambridge, U. S.: Harvard University Press, 1971, pp. 147 – 156.

Ostrom, E., Calvert, R., Eggertsson, T., "Governing the Commons: The Evolution of Institutions for Collective Action", *American Political Science Review*, Vol. 86, No. 1, 1993, pp. 249 – 279.

Partha Dasgupta, *Social Capital: A Multifaceted Perspective*, Washington D. C.: World Bank Publications, 2001, pp. 215 – 249.

Paul A. Pavlou, "Institution Based Trust Interorganizational Exchange Relationships: The Role of Online B2B Market Places on Trust for Mation", *Journal of Strategic Information Systems*, Vol. 11, 2002, pp. 215 – 243.

Poudel, D. P., Johnsen, F. H., "Valuation of Crop Genetic Resources in Kaski, Nepal: Farmers' Willingness to Pay for Rice Landraces Conservation", *Journal of Environmental Management*, Vol. 90, No. 3, 2009, pp. 483 – 491.

Putnam, R. D., *Bowling Alone: The Collapse and Revival of American Community*, New York: Simon and Schuster, 2000, p. 63.

Putnam, R. D., "Bowling Alone: America's Declining Social Capital", *Journal of Democracy*, Vol. 6, No. 1, 1995, pp. 65 – 78.

Rafia Afroz, Keisuke Hanaki, Kiyo Hasegawa – Kurisu, "Willingness to Pay for Waste Management Improvement in Dhaka City, Bangladesh", *Journal of Environmental Management*, Vol. 90, No. 1, 2009, pp. 492 – 503.

Reschovsky, J. D., Stone, S. E., "Market Incentives to Encourage Household Waste Recycling: Paying for What You Throw away", *Journal of Policy Analysis & Management*, Vol. 13, No. 1, 1994, pp. 120 – 139.

Rindfleisch, Aric and Heide, J. B., "Transaction Cost Analysis: Past, Present and Future Applications", *Journal of Marketing*, Vol. 61, No. 4, 1997, pp. 30 – 54.

Samuelson, Paul A., "The Pure Theory of Public Expenditure", *The Review of Economics and Statistics*, Vol. 36, No. 4, 1954, pp. 387 – 389.

Spence, W., "Innovation: The Communication of Change in Ideas, Practices and Products", *Journal of Crustacean Biology*, Vol. 6, No. 1, 1986, pp. 1 – 23.

Tiebout, C. M., "A Pure Theory of Local Expenditures", *The Journal of Political Economy*, Vol. 64, No. 5, 1956, pp. 416 – 424.

Tversky, A., Kahneman, D., "Advances in Prospect Theory Cumulative

Representation of Uncertainty", *Journal of Risk and Uncertainty*, Vol. 5, No. 4, 1992, pp. 97 – 323.

Uphoff, Norman T. , *Learning from Gal Oya: Possibilities for Participatory Development and Post – Newtonian Social Science*, London: Intermediate Technology Publications, 1996, pp. 844 – 849.

Uphoff, N. , "Understanding Social Capital: Learning from the Analysis and Experience of Participation", in P. Dasgupta and I. Serageldin, eds. , *Social Capital: A Multifaceted Perspective*, World Bank Publication, 1999, pp. 116 – 127.

Uphoff, N. , Wijayaratna, C. M. , "Demonstrated Benefits from Social Capital: The Productivity of Farmer Organizations in Gal Oya, Sri Lanka", *World Development*, Vol. 28, No. 11, 2000, pp. 1875 – 1890.

Venkatachalam, L. , "The Contingent Valuation Method: A Review", *Environmental Impact Assessment Review*, Vol. 24 No. 1, 2004, pp. 89 – 124.

Wai Fung Lam, *Governing Irrigation Systems in Nepal: Institutions, Infrastructure, and Collective Action*, Oakland, California: Institute for Contemporary Studies, 1999, pp. 65 – 74.

Xueqing Zhang, M. ASCE, "Critical Success Factors for Public – Private Partnerships in Infrastructure Development", *Journal of Construction Engineering and Management*, Vol. 131, No. 1, 2005, pp. 3 – 14.

Zucker, L. G. , "Production of Trust: Institutional Sources of Economic Structure", *Research in Organizational Behavior*, Vol. 8, No. 1, 1986, pp. 53 – 111.

附　　录

调查问卷一　　　　　　村庄情况调查

> 编号：_____ 调查地点：_____ 省 _____ 市（县）_____ 镇
> _____ 乡 _____ 村
>
> 调查员：_____ 统计员：_____
>
> 　　您好！首先感谢您在百忙之中参与这次问卷调查。问卷的主要内容是关于农村环境治理方面的。本部分是关于村庄基本情况的调查，希望了解您村环境治理方面的相关信息。本问卷仅作为学术研究使用，对外保密，不会损害您村的任何利益。谢谢您的参与！

　　1. 您村的村庄类型？

　　A. 普通自然村　　　　　　　　B. 乡镇驻地

　　C. 城郊接合地　　　　　　　　D. 既是乡镇驻地又是城郊接合地

　　2. 您村共有_____户农户，共有_____人。务农人口_____户，有_____个农户小组。农户人均纯收入_____万元/年。

　　村庄中户籍在您村、平时又生活在您村的下列人员分别有多少名？

职业	村干部	能工巧匠	跑长途司机	个体老板	乡村医生	乡村教师	合作社领导	退伍军人
人数（名）								

　　3. 您村农户居住区连片吗？

　　A. 连片　　　　B. 没有

农户居住区面积有多大？_____平方米。

4. 您村离镇政府的距离有多远？_____千米。离最近的乡级以上公路的距离是_____千米。

5. 您村有几家乡镇企业？_____家。

6. 您村平均每天大约能产多少吨生活垃圾？_____吨。

7. 您村有几名保洁人员？_____名。现有的垃圾处理设施是谁出资修建的？

　　A. 全由政府出资

　　B. 全由村集体出资

　　C. 全由农户集资

　　D. 由国家、村集体、农户按一定比例共同出资

　　E. 其他（如社会捐赠）

8. 您村中生活垃圾处理哪些方式最常见？（可多选）

　　A. 随意丢弃　　B. 变卖　　　　C. 焚烧　　　　D. 堆肥

　　E. 转运　　　　F. 填埋

9. 您村农户平时会随意倾倒垃圾吗？

　　A. 从不　　　　B. 偶尔　　　　C. 一般　　　　D. 经常

10. 若农户随意倾倒垃圾是否会有人监管？

　　A. 有　　　　　B. 没有

11. 若村中有专人监管垃圾处理事宜，是谁来管？

　　A. 指定农民个体　　　　　　B. 村干部

　　C. 村中成立专门组织　　　　D. 村里的协会、组织

12. 您村的村规民约中有关于生活垃圾清理方面的吗？

　　A. 有　　　　　B. 没有

13. 您村有垃圾收运、保洁的管理服务和考核制度吗？

　　A. 有　　　　　B. 没有

14. 政府在您村开展垃圾集中处理过程中有补贴吗？

　　A. 有　　　　　B. 没有

调查问卷二　农村生活垃圾集中处理个人调查问卷

编号：_____调查地点：_____省_____市（县）_____镇
_____乡_____村

调查员：_____统计员：_____

　　您好！首先感谢您在百忙之中参与这次问卷调查。问卷的主要内容是关于农村环境治理方面的，希望了解您村环境治理方面的相关信息以及您的看法。本问卷仅作为学术研究使用，对外保密，不会损害您的任何利益。谢谢您的参与！

一　个人基本信息

1. 您的性别：

A. 男　　　　　B. 女

2. 您哪年出生？_____。

3. 您的文化程度：

A. 文盲　　　B. 小学　　　C. 初中　　　D. 高中或中专

E. 大专　　　F. 大专以上

4. 您每年在村中的居住时间？

A. 0—89 天　　B. 90—179 天　C. 180—269 天　D. 270—365 天

5. 您在村中的职务是什么？

A. 一般农户　　　　　　　　B. 村干部或队长、组长

6. 您的婚姻状况：

A. 单身　　　B. 已婚　　　C. 离婚　　　D. 丧偶

7. 您的身体健康状况怎么样？

A. 健康　　　B. 患有慢性病

8. 您家几口人？_____人。（指未分开的同一屋檐下生活，包括父母、孩子、祖父母/外祖父母等）

9. 您家目前平均每天能产生多少生活垃圾？_____千克。

10. 您家有几个劳动力（父母与已婚子女分家算两家）？_____

人。其中有几人在外打工？_____人。

11. 您的家庭年纯收入有_____？

A. ＜5000 元　　　　　　　　B. 5001—10000 元

C. 10001—30000 元　　　　　　D. 30001—50000 元

E. ≥50000 元

12. 您家每年收入中，以下来源各占_____？

	务农	外出打工	固定工资	个体经营	其他
比重（%）					

13. 您家在村里承包了多少亩农地？_____亩。您本人有外出打工经历吗？

A. 有　　　　　　B. 没有

14. 农忙时，您更倾向于找亲戚朋友帮忙，还是倾向于租用收割机？

A. 找亲戚朋友　B. 租用收割机

15. 一般说来，您认为绝大多数人多大程度上是可信的，或者您在和他们打交道时不用特意提防他们？

A. 非常不可信　B. 很不可信　　C. 比较不可信　D. 一般

E. 比较可信　　F. 很可信　　　G. 非常可信

16. 您家人是否有在外打工的？A. 有 B. 没有 如果有，那么是通过哪些渠道找到打工机会的？（可多选）

A. 自己主动出去找　　　　B. 亲戚介绍

C. 老师、同学介绍　　　　D. 朋友、老乡介绍

E. 网络求职的　　　　　　F. 乡/村有组织的劳务输出

G 劳务市场/职业介绍所　　H 其他

17. 您平时上网吗？

A. 从来不　　B. 很不经常　C. 有时　　　D. 很经常

E. 总是

18. 请您根据您自身的情况，判断您出入以下 21 种公共场合的频率及其对您生产生活影响的程度，在您认为适合您的选项打"√"。

公共场合类型	出入的频率 A. 几乎不去 B. 很不经常 C. 有时去 D. 常常去 E. 非常频繁					对生产、生活影响的程度 A. 几乎没影响 B. 影响很小 C. 有一定影响 D. 影响很大 E. 影响非常大				
村"两委"	A	B	C	D	E	A	B	C	D	E
村妇代会	A	B	C	D	E	A	B	C	D	E
村团支部	A	B	C	D	E	A	B	C	D	E
祠堂	A	B	C	D	E	A	B	C	D	E
红白喜事	A	B	C	D	E	A	B	C	D	E
宗教	A	B	C	D	E	A	B	C	D	E
合作社	A	B	C	D	E	A	B	C	D	E
农村书屋	A	B	C	D	E	A	B	C	D	E
乡村文化站	A	B	C	D	E	A	B	C	D	E
小卖部	A	B	C	D	E	A	B	C	D	E
超市	A	B	C	D	E	A	B	C	D	E
活动广场	A	B	C	D	E	A	B	C	D	E
饭馆	A	B	C	D	E	A	B	C	D	E
棋牌室	A	B	C	D	E	A	B	C	D	E
村集市	A	B	C	D	E	A	B	C	D	E
农产品批发市场	A	B	C	D	E	A	B	C	D	E
庙会	A	B	C	D	E	A	B	C	D	E
社火	A	B	C	D	E	A	B	C	D	E
乡镇集市	A	B	C	D	E	A	B	C	D	E
乡镇会议	A	B	C	D	E	A	B	C	D	E
乡镇协会	A	B	C	D	E	A	B	C	D	E

二　您对农村生活垃圾集中处理的看法

调查中所说的生活垃圾是我们日常生活中产生的固体垃圾，比如厨余垃圾、弃用秸秆、畜禽粪便、废旧电池、废旧金属、农药瓶、废塑料、包装袋、废衣物等。

1. 您平时是否关注村里面的环境保护问题？

A. 从没关注过 B. 很不关注　C. 基本不关注 D. 不置可否

E. 比较关注　　F. 很关注　　　G. 非常关注

2. 村里有关于生活垃圾处理的政策宣传吗？

A. 有　　　　　B. 没有

如果有，宣传方式是_____。

3. 您认为生活垃圾的随意排放对您的日常生活有影响吗？

A. 有　　　　　B. 没有

4. 如果您认为有影响，那么主要影响来自以下哪几个方面？（可多选。如果没有则忽略此题）

A. 看到村子周围到处是垃圾有碍观瞻，影响心情

B. 周围垃圾不及时清理，容易滋生蚊蝇和细菌，引起传染病

C. 容易造成水源、土壤和大气污染，造成粮食、蔬菜的污染

D. 影响村容村貌，对村文明建设有影响

E. 其他

5. 您认为现有开展的生活垃圾集中处理对环境改善效果怎么样？

A. 非常差　　　B. 差　　　　　C. 比较好　　　D. 好

E. 非常好

6. 目前您家生活垃圾是如何处理的？

A. 直接扔到房前屋后　　　　B. 扔到附近的沟渠内

C. 扔到垃圾池或垃圾桶　　　D. 随意丢弃

7. 您认为您所在的村有必要建垃圾处理相关设施来进行生活垃圾集中处理吗？

A. 非常没必要　B. 没必要　　　C. 无所谓　　　D. 有必要

E. 非常有必要

8. 您认为人们不分类扔垃圾的主要原因是什么？（可多选）

A. 图方便　　　　　　　　　B. 认为没有意义

C. 没分类设施　　　　　　　D. 缺乏环保意识

E. 浪费时间　　　　　　　　F. 不知道如何分类

9. 您觉得现在村里人扔垃圾时，在乎别人对他的眼光和评

价吗？

A. 非常不在乎　B. 很不在乎　　C. 不在乎　　　D. 说不上

E. 在乎　　　　F. 很在乎　　　G. 非常在乎

10. 如果村中有人随意倾倒垃圾，会有人监管吗？

A. 有　　　　　B. 没有。

11. 假设您正好手中有垃圾需要丢弃，您会很乐意地去扔到垃圾箱的最远距离有多远？

A. 0—5 米　　B. 6—10 米　　C. 11—15 米　　D. 15—20 米

E. 20 米以上　F. 视线范围内　G 视线范围外

12. 您日常出去买菜，您会期待商贩为您免费提供塑料袋吗？

A. 会　　　　　B. 不会

13. 您村的生活垃圾处理中，对废旧电池、农药瓶等垃圾有专门的分类回收吗？

A. 有　　　　　B. 没有

14. 您知道废旧电池随意丢弃会造成污染吗？

A. 知道　　　　B. 不知道

15. 如果村里有人收废旧电池，您觉得每节电池最低多少钱农户才会积攒起来卖掉，而不是丢弃？

A. 两节一毛钱　B. 一节一毛钱　C. 一节一毛五　D. 一节两毛钱

E. 更贵

16. 您关注过周围村里是否进行生活垃圾处理吗？

A. 关注过　　　B. 没有

17. 村庄需要建垃圾池，可能会离您家门口较近，您认为您能接受的最短距离是多远？

A. 0—10 米　　B. 11—20 米　　C. 21—30 米　　D. 31—40 米

E. 41—50 米　F. 越远越好

18. 您对现有开展的生活垃圾集中处理服务的效果满意度如何？

A. 非常不满意　B. 较不满意　　C. 一般　　　　D. 比较满意

E. 非常满意

19. 如果对第18题中的服务不满意，使您不满意的最大原因是什么？

A. 清扫不及时　　　　　　　B. 倒垃圾不方便

C. 环境改善程度差　　　　　D. 其他

三　您对农村生活垃圾集中处理的合作意愿

1. 您愿意为村中的生活垃圾集中处理支付吗？

A. 愿意　　　　B. 不愿意

2. 如果您愿意支付，您觉得最大的原因是什么？（单选）

A. 美化环境　　B. 响应政府　　C. 信任发起人　D. 跟随周围人

E. 其他_____

3. 如果您愿意支付，您愿意采用以下哪种方式？

A. 出资　　　　B. 出力　　　　C. 既出资又出力

4. 如果您不愿意支付，一定有您的道理，您不愿意的最大原因是什么？（单选）

A. 收入低，没钱

B. 涉及公平不好弄

C. 没有信任的发起者，交钱也不见得有效果

D. 浪费钱，没必要

E. 其他

5. 您认为进行生活垃圾集中处理哪种出资方式比较合理？（　　）

A. 全由国家出

B. 全由村集体出

C. 全由农户集资

D. 由国家、村集体、农户按一定比例出资

6. 我们把垃圾集中处理分为基础设施建设、日常清理转运和终端集中处理三个阶段，如果您觉得生活垃圾集中处理很有必要，但由于农户财力有限，您觉得农户在以下哪个环节筹资更合理？

A. 基础设施建设阶段：包括垃圾池、垃圾中转站建设、垃圾清

运车购置等

B. 日常清理维护阶段：包括农户配置垃圾桶、垃圾袋，清洁人员的工资，清扫工具等

C. 集中处理阶段：垃圾的终端处理

7. 村里如果想通过向农户筹集资金用于生活垃圾处理，您倾向于以下哪种方式决定筹资方式和金额等一揽子事情？

A. 由村干部讨论决定就行

B. 召开全体村民大会决定

C. 按 "一事一议" 方式决定

D. 由村中大家信得过的有威望的人来协调

E. 其他方式

8. 假设村里已经通过了农户筹资进行生活垃圾集中处理这一方案，如果让农户交，您觉得他们会如何考虑？

A. 既然定下来的事，一般会主动交

B. 大家都在跟风，一般大家交我就交

C. 他们主要看亲戚朋友交不交来定

D. 主要看村干部交不交，他们带好头了，农户一般会交

9. 假设村里通过了农户筹资进行生活垃圾集中处理这一方案，你觉得通过以下哪种征收方式会更顺利些？

A. 直接入户征收　　　　B. 随电费捆绑征收

C. 从农户的福利中扣除　D. 其他方式_____

E. 无所谓

10. 您认为生活垃圾处理农户筹资以哪种分摊方式比较合理？

A. 按户收　　　　　　　B. 按人头收

C. 按产生垃圾量收　　　D. 按承包地亩数

E. 其他方式_____

11. 假设村里通过了农户筹资进行生活垃圾集中处理这一方案，如果让您交，您觉得每月论人头收多少钱您可以接受？（麻烦您在选择范围内再填写您愿意支付的具体金额_____）

A. 0—1 元　　　B. 2—3 元　　　C. 4—5 元　　　D. 5 元及以上

12. 村中的街道清扫，您认为至少多久打扫一次才是既能保持整洁又节约劳动力的？

A. 每天打扫两次　　　　　　B. 每天一次

C. 每三天一次　　　　　　　D. 每周一次

E. 十天一次　　　　　　　　F. 更久

13. 如果村里保洁员进行打扫，他们的工资按月发，并由农户筹资支付，您觉得他们的月工资多少钱合理？（请您先选择一个具体范围，然后在范围内填写个自己觉得合理的数）

A. 0—300 元_____　　　　B. 301—600 元_____

C. 601—900 元_____　　　D. 901 元以上_____

14. 如果村里保洁员进行打扫，他们的工资按打扫次数发，并由农户筹资支付，您觉得为他们的每次打扫支付多少钱合理？（请您先选择一个具体范围，然后在范围内填写自己觉得合理的数）

A. 1—5 元_____　　　　　B. 6—10 元_____

C. 11—15 元_____　　　　D. 16 元以上_____

15. 您村在村务公开中公示了筹资情况和花费情况了吗？

A. 公示了　　　B. 没有

16. 您为村中的生活垃圾集中处理筹资了吗？

A. 筹资了　　　B. 没有

17. 您村的筹资是以何种方式进行的？

A. 出资　　　B. 出力　　　C. 既出资又出力

18. 请您分别写出以下人员的姓名。

您认为村中最有影响力的 3 名村干部：_____、_____、_____。

您认为村中与您最为亲近的 3 名亲戚：_____、_____、_____。

您认为村中与您关系最好的 3 名朋友：_____、_____、_____。

他们为生活垃圾集中处理筹资了吗？如果筹资了，请在相应的名字上打"√"。

19. 您平均每月交多少钱？_____。出几天劳动？_____。

20. 您对现在村中为生活垃圾集中处理向农户筹资的额度怎样看?

A. 非常高　　　B. 比较高　　　C. 合理　　　　D. 比较低

E. 非常低

21. 如果在集体筹资中您没交钱,一定有您的原因,以下哪项原因占比最大?(单选)

A. 家里收入水平低,交不起

B. 弄清交费的依据再决定交费

C. 交了钱也不知道会花到啥地方

D. 没啥效果,还不如不交

E. 交不交钱一个样

22. 您村对用于生活垃圾集中处理的农户集资使用有书面的管理办法吗?

A. 有　　　　　B. 没有

23. 您认为村里现在生活垃圾的处理及时吗?

A. 非常不及时 B. 很不及时　　C. 一般　　　　D. 比较及时

E. 非常及时

24. 您对现有农户筹资在垃圾集中处理服务上的投入效果满意吗?

A. 非常不满意 B. 很不满意　　C. 一般　　　　D. 比较满意

E. 非常满意

25. 如果不满意,您认为最大的原因是什么?

A. 收费和使用不公开、不透明

B. 环境卫生改善不明显

C. 收费方案不合理

D. 其他

四　社会资本度量

(一) 社会网络

1. 网络规模:请您写出下题中最接近的人数?

题码	题项	人数
1	您手机上的联系人总数	
2	遇到困难能帮得上忙的人数	
3	拜年时亲戚、朋友和其他交往的总人数	
4	最近一次您家办红白喜事（建房、结婚、丧葬）参加的总人数	

2. 网络密度：请您根据生活中与下列人员的走动情况在题目后边相应的数字上打"√"；

（1 = 从来不；2 = 很不经常；3 = 不很经常；4 = 一般；5 = 比较频繁；6 = 很频繁；7 = 非常频繁）

题码	题项	频繁程度						
1	与亲密朋友	1	2	3	4	5	6	7
2	与亲戚	1	2	3	4	5	6	7
3	与村干部	1	2	3	4	5	6	7
4	与街坊邻居	1	2	3	4	5	6	7
5	与德高望重的农户	1	2	3	4	5	6	7
6	与农业合作社或协会	1	2	3	4	5	6	7
7	与不在一起居住的家庭成员	1	2	3	4	5	6	7

3. 网络异质性：请您根据与以下类型人群交往的频繁程度在题目后边相应的数字上打"√"；

（1 = 从来不交往；2 = 很不经常；3 = 不很经常；4 = 一般；5 = 比较频繁；6 = 很频繁；7 = 非常频繁）

题码	题项	频繁程度						
1	政府公务员、村干部	1	2	3	4	5	6	7
2	教师或医生	1	2	3	4	5	6	7
3	个体经商户	1	2	3	4	5	6	7
4	外出打工者	1	2	3	4	5	6	7

题码	题项	频繁程度						
5	固定工资者	1	2	3	4	5	6	7
6	宗教团体负责人	1	2	3	4	5	6	7
7	务农	1	2	3	4	5	6	7

（二）社会信任

请您根据自己的实际情况在题目后边相应的数字上打"√"；

（1＝非常不信任；2＝很不信任；3＝比较不信任；4＝不置可否；5＝比较信任；6＝很信任；7＝非常信任）

题码	题项	信任程度						
1	您对家人的信任程度	1	2	3	4	5	6	7
2	您对亲戚的信任程度	1	2	3	4	5	6	7
3	您对亲密朋友的信任程度	1	2	3	4	5	6	7
4	您对街坊邻居的信任程度	1	2	3	4	5	6	7
5	您对德高望重农户的信任程度	1	2	3	4	5	6	7
6	您对村干部的信任程度	1	2	3	4	5	6	7
7	您对普通农户的信任程度	1	2	3	4	5	6	7
8	您对陌生人的信任程度	1	2	3	4	5	6	7

（三）社会声望

请您根据自己的实际情况在题目后边相应的数字上打"√"；

（1＝几乎不；2＝很不经常；3＝不经常；4＝一般吧；5＝比较频繁；6＝很频繁；7＝非常频繁）

题码	题项	频繁程度						
1	别人家有结婚生子等喜事时，邀请您参加	1	2	3	4	5	6	7
2	您家盖房子，亲戚朋友过来帮忙	1	2	3	4	5	6	7
3	农忙时，亲戚朋友过来帮忙	1	2	3	4	5	6	7

题码	题项	频繁程度						
4	农户家里有重大事情要决定时，找您商量	1	2	3	4	5	6	7
5	别人闹矛盾，找您帮忙调解	1	2	3	4	5	6	7
6	村里面决定集体的事情，征求您的意见	1	2	3	4	5	6	7
7	农户面临一些选择时，参照您的做法	1	2	3	4	5	6	7

（四）社会参与

请您根据自己的实际情况在题目后边相应的数字上打"√"；

（1＝从来不；2＝很不经常；3＝不很经常；4＝一般；5＝比较频繁；6＝很频繁；7＝总是）

题码	题项	频繁程度						
1	参加村中组织的集体活动	1	2	3	4	5	6	7
2	参加村干部的选举投票	1	2	3	4	5	6	7
3	参与村中生活垃圾集中处理方面的事物	1	2	3	4	5	6	7
4	在村中公共事务决策时提出过建议或意见	1	2	3	4	5	6	7
5	参加本村村民的婚丧嫁娶等活动	1	2	3	4	5	6	7
6	与街坊们在一起娱乐（如打牌、麻将或跳舞等）	1	2	3	4	5	6	7
7	参加村里的各种协会组织	1	2	3	4	5	6	7

问卷到此结束，感谢您的参与！